普通高等教育"十四五"规划教材

图说外国经典历史建筑

——18 世纪末叶以前

王 丽 汪 江 编著

U0315279

北 京

冶 金 工 业 出 版 社

2023

内 容 提 要

本书是高等院校"外国建筑史"课程的辅助教材，共分为8章，以欧洲历史建筑为主线，对从上古奴隶制国家的建筑到中古封建制国家的建筑，再到18世纪的建筑，选取典型历史建筑实例进行系统评述，详细地阐述了外国经典建筑历史的发展，并着重叙述了每个历史时期重要的建筑事件、代表性建筑和建筑师。

本书内容简明扼要、条理清晰，建筑实例重点突出、特征准确，可作为高等院校建筑学专业、城乡规划专业、环境设计专业的教材，也可供有关工程技术人员参考。

图书在版编目(CIP)数据

图说外国经典历史建筑：18世纪末叶以前/王丽，汪江编著. —北京：冶金工业出版社，2021.8（2023.1重印）

普通高等教育"十四五"规划教材

ISBN 978-7-5024-8907-6

Ⅰ.①图…　Ⅱ.①王…　②汪…　Ⅲ.①古建筑—建筑史—国外—高等学校—教材　Ⅳ.①TU-091

中国版本图书馆 CIP 数据核字（2021）第 174966 号

图说外国经典历史建筑——18 世纪末叶以前

出版发行	冶金工业出版社	电　　话	(010)64027926
地　　址	北京市东城区嵩祝院北巷 39 号	邮　　编	100009
网　　址	www.mip1953.com	电子信箱	service@ mip1953.com

责任编辑　杨　敏　美术编辑　吕欣童　版式设计　禹　蕊
责任校对　窦　唯　责任印制　窦　唯
北京建宏印刷有限公司印刷
2021 年 8 月第 1 版，2023 年 1 月第 2 次印刷
710mm×1000mm　1/16；9.25 印张；177 千字；136 页
定价 29.00 元

投稿电话　(010)64027932　投稿信箱　tougao@cnmip.com.cn
营销中心电话　(010)64044283
冶金工业出版社天猫旗舰店　yjgycbs.tmall.com
（本书如有印装质量问题，本社营销中心负责退换）

前　言

　　"外国古代建筑史"是系统介绍外国古代建筑发展历程的概论性课程，它是建筑学专业的一门主干理论课程，主要从宏观的角度来讲述、分析建筑发展的来龙去脉，分析特定历史时期建筑特征及其形成原因，使学生掌握有关的建筑文化综合知识，树立正确的建筑历史观。

　　欧洲建筑历史悠久，作为一个整体，每个阶段都有占主导地位的建筑类型，不但产生了许多富有创造性的经典建筑，也产生了不少建筑著作。在欧洲孕育的现代派建筑，推动了建筑史上最伟大的革命，对全世界建筑都有很大影响。因此，本书以欧洲历史建筑为主线，对外国经典历史建筑进行了详细阐述，内容简明扼要、条理清晰，插图质量精美，建筑实例重点突出、特征准确。

　　本书是在作者编写的授课讲义基础上修改而成，通过文字叙述与图片结合的方式，使学生既能够比较容易地了解西方历史建筑发展的概况，又能够准确地掌握外国建筑在各个历史时期的典型特征。

　　本书由辽宁科技大学王丽、汪江撰写。辽宁科技大学为本书的出版提供了资助；建筑系学生王艺锦、高幸、王树、杨佳旗等在资料收集过程中积极配合，付出了辛勤劳动；习艳、汪海鸥、吴佳玲等老师对本书的编写提出了一些建议并给予了帮助；在编写过程中参考了有关文献资料，在此一并表示衷心的感谢。

　　由于作者水平所限，书中不足之处，恳请读者批评指正。

作　者
2021 年 3 月

目　　录

1 古埃及建筑

(约公元前 32~前 1 世纪)

1.1 建筑的历史分期与背景条件

1.1.1 建筑的历史分期

古埃及建筑按其历史发展可以分为以下四个主要时期：

（1）古王国时期（约公元前 3200~前 2130 年）。首都位于下埃及的孟菲斯，建筑物以反映原始拜物教的纪念性建筑金字塔为代表。纪念性建筑物是单纯而开阔的，通过庞大的规模、简洁沉稳的几何形体、明确的对称轴线和纵深的空间布局，来体现雄伟、庄严、神秘的效果。

（2）中王国时期（公元前 2119~前 1794 年）。首都位于上埃及的底比斯，随着手工业和商业发展起来，出现了一些有经济意义的城市。皇帝的纪念性建筑从借助自然景观，以外部表现力为主的金字塔，转向以内部举行神秘宗教仪式为主的庙宇，开始出现采用梁柱结构、具有宽敞内部空间的神庙建设。

（3）新王国时期（公元前 1580~前 1150 年）。首都位于上埃及的底比斯，这是古埃及历史上最强盛的时期，频繁的远征掠夺来大量的财富和奴隶。代表建筑是皇帝崇拜和太阳神崇拜相结合的太阳神庙，它的空间组成包括围有柱廊的内庭院、接受臣民朝拜的大柱厅和只许法老和僧侣进入的神堂密室三部分，通过空间序列的变化手法，创造神秘和威压的纪念气氛，烘托法老的神圣与威严。

（4）后期、希腊化时期和罗马时期（公元前 1150~前 30 年）。公元前 525 年，古埃及被波斯人征服，公元前 332 年被马其顿王国征服，公元前 30 年被罗马征服。古埃及晚期，建筑受到古希腊、古罗马影响，出现新的类型、型制和样式，设计与施工较以前更精致。

1.1.2 背景条件

埃及是世界历史上最古老的国家之一。它位于非洲的东北部，其南部为未开辟的高原，北临地中海，东濒红海，西接干旱的沙漠。埃及气候干燥炎热，一年可分为干湿两季，终年不见霜雪且雨量很少。

　　公元前 3500 年左右，在尼罗河上下游分别形成了上埃及和下埃及奴隶制王国。约公元前 3000 年左右，上埃及统一了全国，建立起强大的奴隶制帝国，首都位于尼罗河下游的孟菲斯，有很发达的宗教为之服务，产生了强大的祭司阶层。由于古埃及是政教合一、君主独裁的奴隶制国家，所以皇帝的宫殿、陵墓以及庙宇成了主要的建筑物。这些建筑不仅在型制上反映了中央集权的奴隶制国家的特点，而且在风格上也是沉重压抑，追求震慑人心的艺术力量。到了新王朝时期，统治阶级为加强中央集权，大力宣扬国王是神之子的教义，以加强对国王的崇拜，并在许多地方兴建神庙。崇拜国王不再在金字塔的祭堂里，而是宫殿和庙宇结合在一起，在神庙的大殿里拜谒国王。

　　古埃及人信奉多神教，他们认为人死后灵魂永生，要在千年之后复活，过着比生前更好的生活，灵魂寄于尸体中。因此，在古埃及统治阶级的建筑活动中，陵墓占非常重要的地位。

　　古埃及很早就积累了天文知识，为了预先确定尼罗河水的涨落，产生了古埃及天文学。古埃及历法，是把每年尼罗河水开始泛滥定为一年之始。数学，特别是几何学知识，在古埃及相当发达，这与尼罗河的测量密切相关。金字塔建筑的精密计算，能体现出古埃及人的数学成就。

1.2　建筑的一般特征

1.2.1　建筑材料

　　古埃及气候干燥、炎热，境内有大片沙漠，几乎没有适合于建筑的木材，土、石材是埃及的主要自然资源。因此，古埃及人早期的建筑材料，只能用质地细腻的泥土制成坚硬的能够抵抗当地雨水的土坯，后来有了砖和石料，石头是纪念性建筑最主要的建筑材料。

1.2.2　建筑技术

　　古埃及在宫殿、庙宇建筑中，大量运用了柱子，形成了一套梁柱结构系统。墙体厚重，且底部厚顶部薄，墙身倾斜可以防热及抗震。柱子的式样也很多，常见的有莲花束茎柱式、纸草束茎柱式、纸草盛放柱式。柱断面有方形、圆形、八角形等，柱高一般是柱径的 5 倍。柱间距一般是一个柱径，仅仅在入口处往往稍微加宽一些。檐部变化很少，檐高一般是柱高的 1/5。为了防热，建筑常做成平屋顶，人可上去乘凉，同时，建筑物的墙壁与屋顶做得很厚，窗子很小，门户亦窄。在大片空白的墙面，用以雕刻象形文字，记载历史、宗教、法令等。古埃及在建筑上最早使用了叠涩拱技术，起重运输和施工技术也有很大成就。在规模体量巨大的纪念性建筑上使用石料，体现出对石材加工的手工技术发展到极高水平。建筑表面总是布满雕刻，建筑与雕刻艺术紧密结合。

1.2.3　建筑艺术

古埃及建筑空间艺术体现了永恒和静态，建筑以陵墓和神庙为主，充分表现纪念性的特征，对一般世俗建筑的关注较弱。古埃及是一个农耕文明的国家，尼罗河是其母亲河，尼罗河水的灌溉，使得尼罗河两岸的物产非常富饶。埃及的地理环境有力地阻挡了外界的侵扰，同时尼罗河每年定期泛滥之后，留下了肥沃的耕地，带来一年又一年的丰收。这样古埃及文明持续发展了 3000 年，其稳定的自然和社会秩序似乎达到永恒和静态，所以在建筑艺术中，其空间也同样体现了永恒和静态。如能体现稳固几何形体的正方形、三角形，经常被用在建筑设计中。从昭赛尔陵墓建筑群，到著名的古萨金字塔群，都是用方形平面获得最稳定的空间造型，并象征永恒的主题。崖墓按纵深系列进行空间布局，最后一进是凿在悬崖里的石窟，作为圣堂，整个悬崖被巧妙地组织到陵墓的外部形象中来。

在许多大型太阳神庙的布置上，运用了深长的对称轴线。在主轴线上的大道两旁是圣公羊石像和狮身人面石像，石像行列的尽头设置五、六道高大的牌楼门，门前有方尖碑以增威严。门内是柱廊围绕的大庭院，形成几个大大小小的封闭空间，建筑物一进比一进封闭，室内地坪愈往后愈高，天花愈往后愈低，使内部空间愈来愈阴暗、矮小，造成威严神秘的气氛。在幽暗神秘的压抑空间内，石柱如林，排列密集，光线透过高窗落在巨大的柱子上，光影斑驳，更强烈地表现出古代埃及纪念性建筑所带有的宗教特色。

1.3　代表实例

1.3.1　昭赛尔金字塔（Pyramid，Zoser，公元前 3000 年）

玛斯塔巴（Mastaba），是孟菲斯一带的早期帝王陵墓。陵墓的地上部分，用砖或石块砌成的长方形台状祭祀厅堂，其形式可能源于对当时贵族的长方形平台式砖石住宅的模仿（图 1-1）。墓室在地下，上下有阶梯或斜坡通道相连（图 1-2）。昭赛尔金字塔，后来的麦登金字塔和达舒尔金字塔，以及吉萨金字塔群都是从玛斯塔巴发展来的。

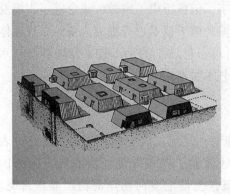

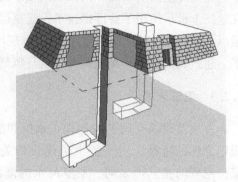

图1-1　玛斯塔巴外观图　　　　　　　　图1-2　玛斯塔巴剖透图

昭赛尔金字塔是第一座用石头建造的金字塔。基底东西长126m，南北长106m，高约60m，是阶梯形的，分为6层，墓室位于地下27m深处。祭祀厅堂从高台基上移至塔前，多层的台基向上耸起，成为陵墓外观形象的主体。塔身形体单纯的纪念碑形象，排除了仿木构的痕迹，在形式和风格上简练稳定，符合纪念性建筑物的艺术要求，也更适合石材的特性和加工条件（图1-3）。

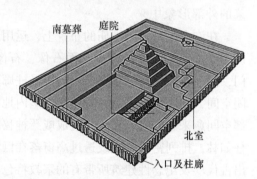

图1-3　昭赛尔金字塔外观及复原图

1.3.2　吉萨金字塔群（Great Pyramid, Giza, 公元前2723~前2563年）

金字塔是古埃及最古老、最恢弘的纪念性建筑，作为法老的陵墓，追求生命永恒的印证。吉萨金字塔群是古埃及金字塔最成熟的巅峰之作，涵盖了巨型王室陵墓所具备的典型建筑特色。

吉萨金字塔群（图1-4）位于下埃及尼罗河西岸，入口朝向太阳升起的地方。主要有哈夫拉金字塔（Khafra）（图1-5）、胡夫金字塔（Khufu）（图1-6）、孟卡拉金字塔（Menkaura）组成，它们坐落于同一条对角轴线上，每座金字塔所配属的祭庙与甬道都位于朝向尼罗河的一侧，在这群金字塔附近，还有一个巨大的狮身人面像（GreatSphinx），它是旭日神的象征，高约 20m，长约 45m。而在金字塔西侧则是埋葬法老重臣们的梯形墓地，周围还有许多"玛斯塔巴"与小金字塔。

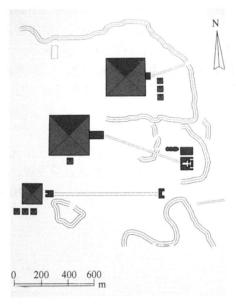

图 1-4 吉萨金字塔群

金字塔的艺术构思源于埃及人信仰原始的拜物教，皇帝被宣扬为自然神，于是就把高山、大漠形象的典型特征转变为皇权的神圣纪念特征。就群体格局而言，三大金字塔坐落在同一轴线上，并与东南角的"狮身人面像"呼应。每座金字塔的入口开始在下庙，由此进入一个狭长黑暗的甬道，其后为院子，院中可见蓝天和金字塔。这个建筑空间处理序列的用意，是给人造成从现世走到冥界的联想，而皇帝死后仍然是冥界的统治者。哈夫拉的河谷神庙是保存最好的古神庙，其建筑空间序列：入口柱廊——河谷神庙（下庙）——通道——神庙（分为前庙、圣殿）——金字塔。通过采用欲扬先抑的艺术处理手法，人们经过狭长、封闭、黑暗的甬道，进入到宽敞、明亮的祭祀厅堂，光线的明暗和空间的开阔形成强烈对比，震撼着人们的内心，起到强力渲染皇帝"神性"的作用（图 1-5）。

图 1-5 哈夫拉金字塔

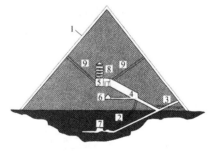

图 1-6 胡夫金字塔剖面
1—贴有石块面层的原有轮廓线；
2—防盗挖地道；3—主入口；4—大通道；
5—国王墓室；6—王后墓室；7—假墓室；
8—支撑巨石；9—通风孔道

　　金字塔脚下的祭祀厅堂和其他附属建筑物相对很小，使塔的形体不受障碍地充分表现出来。所有厅堂和围墙等附属建筑物，不再模仿木柱和芦苇的建筑形象，采用完全适合石材特点的简洁的几何形，方正平直，交接简洁，同金字塔本身风格完全统一。这克服了石建筑技术形式与建筑材料之间的矛盾，抛弃了对建筑原有形式的模仿，而有了自己的形式和风格，形成了纪念性建筑物的典型风格。

　　在昭赛尔金字塔之后，吉萨金字塔群之前，在麦登（Medinet）和达舒尔（Dahshur）还出现了过渡形式的金字塔，前者的外形仍为阶梯式，后者的外形为两折式，已很接近成熟的金字塔。由此可以看出，陵墓从最早的玛斯塔巴式，向着集中的、不朽的、纪念性方向发展，由砖砌住宅式的长方形墓，经过石砌阶梯式，过渡到两折式，最后形成方锥形的金字塔的型制演变，它是逐步发展起来的（图1-7）。

玛斯塔巴　　　昭赛尔金字塔　　　麦登金字塔　　　达舒尔金字塔　　　吉萨金字塔

图1-7　金字塔型制演变示意图（自绘）

1.3.3　曼都赫特普三世墓和哈特什帕苏墓（Temple of Mentuhotep Ⅲ and Hatshepsut，公元前 2065~前 1520 年）

　　在首都迁到上埃及的底比斯后，峡谷不再适合金字塔的艺术构思。皇帝们仿效当地贵族的传统，利用原始拜物教中的山岩崇拜来神化皇帝。纪念性陵墓空间按纵深系列布局，祭祀的厅堂成了陵墓建筑的主体，扩展为规模宏大的祀庙，最后一进是凿在悬崖里的石窟，作为圣堂。整个悬崖被巧妙地组织到陵墓的外部形象中来，巨大的悬崖体量使得建筑单纯性形体弱化。室内布满装饰，刻画人物或动物的形象，色彩亮丽，主题丰富。代表建筑为建于约公元前 2065 年的曼都赫特普三世墓，位于它右边平行建造的是建于约公元前 1520 年的哈特什帕苏墓（图1-8）。

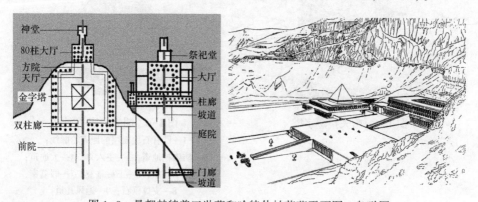

神堂
80柱大厅
方院
天厅
金字塔
双柱廊
前院
祭祀堂
大厅
柱廊
坡道
庭院
门廊
坡道

图1-8　曼都赫特普三世墓和哈特什帕苏墓平面图、鸟瞰图

1.3.4　卡纳克阿蒙神庙（Temple of Ammon，Karnak，公元前 1530~前 323 年）

新王国时期，法老不再重视来生而更注重现世的统治，墓葬建筑衰落而神庙建筑成了法老崇拜的纪念碑。神庙建筑注重空间序列的变化，以雕像群和建筑院落布局来强调主轴线，通过建筑体量和光影变化的对比烘托出法老的神圣与威严。在一条纵轴线上依次排列高大的门、围柱式院落、大殿和一串密室（图 1-9）。除此之外，还在门前增加一两对作为太阳神标志的方尖碑（图 1-10）。

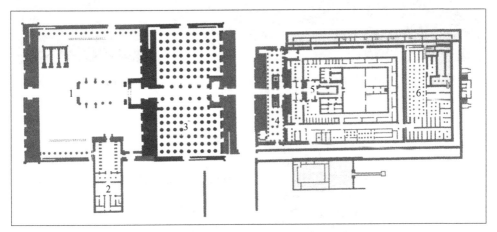

图 1-9　卡纳克阿蒙神庙平面图
1—第一中庭；2—拉美西斯三世小神庙；3—百柱厅；4—哈特什帕苏女王方尖碑；
5—圣殿；6—图特摩斯三世神殿

方尖碑（Obelisk）是古埃及崇拜太阳神的石质柱式纪念碑（图 1-11）。其断面呈正方形，柱身向上渐缩，上部为金字塔形尖顶（镀金、银或金银的合金），细长比 1：9~1：10。通常为整块花岗石制成，碑身布满阴刻象形文字或图案，是古埃及很重要的纪念性建筑形象。起初摆在建筑群的中心，后来布置在庙宇大门的两侧，现存最高者达 30m。

庙宇外部的牌楼大门，因群众性的宗教仪式在它前面举行，它力求富丽堂皇，和宗教仪式活动要求相适应（图 1-12）。大门的样式是一对高大的梯形石墙夹着不大的门道，即一堵厚重的高墙中部凹下处为出入口，上置厚重的石板楣梁，称之为牌楼门。墙身两面向内倾斜，中间留空，内有楼梯可通至门楣。遇到庆典，门楣上可作观礼室或阅兵室。为了加强门道对石墙体积的反衬作用，门道上檐部的高度比石墙上的大得多。门的两侧紧贴墙身处插长矛及旗杆等装饰物，石墙上满布着彩色的象形文字及图画。牌楼门高大雄伟，表达了国王至高无上、神圣不可侵犯的气势，皇帝在这里被一套套仪式崇奉为"泽被万物的恩主"。

图 1-10　卡纳克阿蒙神庙外观图

图 1-11　方尖碑

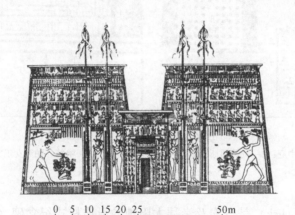

图 1-12　牌楼大门

内部大殿，皇帝在这里接受少数人的朝拜，力求幽暗而威压，和仪典的神秘性相适应。在一条深长的纵轴上，依次排列高大的门——围柱式院落——大殿——一串密室。从柱廊经大殿到密室，屋顶逐层降低、地面逐层升高、侧墙逐层内收，空间因此逐层缩小。大殿里塞满了柱子，中间两排特别高，形成高侧窗，阳光通过高侧窗进来散落在地上，渐渐移动，充满神秘气氛。

1.4　结　语

（1）埃及是世界上最古老的国家之一，在这里产生了人类第一批巨大纪念性建筑物。采用最纯粹的几何结构作为建筑形式，对后来建筑具有重要启迪作用。

（2）其创造了高艺术水平的庙宇建筑群。建筑沿中轴线做纵深序列对称布局，建筑空间序列的内外空间变化塑造成熟。

（3）其创造了以石材为建筑材料的早期梁柱结构，遵循因地制宜的原则，建筑与雕刻、绘画有机融合成为一体。

扫码看本章彩图

2 古西亚建筑

（约公元前 3500~前 460 年）

2.1 建筑的历史分期与背景条件

2.1.1 建筑的历史分期

古西亚建筑的历史可以分为以下五个主要的时期：

（1）苏美尔文化时期（约公元前 3500~前 2371 年）。两河流域文明的先驱和创造者是苏美尔人，早在公元前 4000 年前后，来自伊朗高原上的苏美尔人，就已经在两河流域建立了规模较大的村镇和城市，有了先进的灌溉农业，有了神庙。大约在公元前 3500 年前后，苏美尔人已经以神庙为中心建立了一些城邦国家，建了宫殿、山岳台、庙宇。公元前 3000 年前后，苏美尔城邦经济繁荣的同时，战事不断。最后，公元前 2371 年，来自北方的阿卡德人统一了苏美尔城邦。

（2）古巴比伦时期（公元前 1894~前 1595 年）。公元前 1894 年，阿摩利人以幼发拉底河畔的巴比伦城为首都建立了阿摩利王国。这个王国空前强盛，以致人们把美索不达米亚称为巴比伦尼亚，两河流域的历史从此进入"古巴比伦王国时代"，当地居民，无论是苏美尔人、阿卡德人还是阿摩利人从此都称为"巴比伦人"。古巴比伦王国最伟大的国王是汉谟拉比，公元前 1758 年，汉谟拉比统一两河流域，在他统治的四十多年间，古巴比伦王国进入兴旺发达时期，在此期间，古巴比伦的疆域和经济文化都达到顶峰状态。其中，最伟大的贡献是《汉谟拉比法典》。而巴比伦也以它的繁华壮观闻名西方世界千百年，成为西方历史上城市繁华的参照系。主要建筑活动包括宫殿、庙宇、山岳台及巴比伦城市建设。

（3）亚述帝国时期（公元前 8 世纪中叶~前 612 年）。公元前 14 世纪中叶以后，亚述人在两河上游的势力增长，公元前 900 年左右，上游的亚述王国建立起版图包括两河流域、叙利亚和埃及的军事专制帝国，并开始兴建规模宏大的城市与宫殿。著名的建筑有皇帝萨艮在上游的都尔沙鲁金城（今赫沙巴德）建造的规模巨大的萨艮王宫。公元前 612 年，新巴比伦军队同伊朗高原上新兴的强国米底军队联合打败了强大的亚述军队，亚述从此灰飞烟灭。

（4）新巴比伦王国（公元前 626～前 538 年）。公元前 626 年，迦勒底人夺取了亚述人统治下的巴比伦城，建立了迦勒底王国，这个王国又称新巴比伦王国。巴比伦城重新繁荣，再度成为东方的贸易与文化中心，重要遗迹有伊什塔尔城门和空中花园。

（5）波斯帝国时期（公元前 539～前 4 世纪）。波斯人也是起源于游牧民族，公元前 539 年波斯帝国吞并新巴比伦，并征服了整个西亚和埃及，建立起横跨欧亚非的强大帝国。波斯人信奉原始拜物教，露天设祭，但没有庙宇。按部落特有观念，皇帝轻宗教而重财富，波斯帝国的建筑继承了它所征服地区的种种遗产，兼收并蓄两河流域、古埃及以及古希腊的建筑文化，创造出带有强烈世俗气息的建筑形制和丰富多彩的装饰手法，从而形成明快、华丽、丰富、雄奇的建筑风格。它的主要代表建筑类型是宫殿。

2.1.2　背景条件

西亚是指亚洲西部地区，包括幼发拉底河和底格里斯河流域及伊朗高原等地区。两河流域的南部为巴比伦，北部为亚述，气候干燥，上游积雪融化后形成每年的定期泛滥，土质肥沃。

早在公元前 4000 年前，苏马连人和阿卡德人在两河流域（又称美索不达米亚）创造了早期文化。原始公社解体后，形成许多早期奴隶制的城邦国家。两河流域始终处于分离状态，战争不断，先后建立了以巴比伦和亚述为首都的君主集权国家，直到公元前 539 年，新巴比伦王国被波斯帝国所灭，被并入庞大波斯帝国。

建筑类型以世俗性的公共建筑为主体，宗教性质的建筑次之，并建设了以宫殿、观象台、庙宇为中心的城市。代表建筑有苏美尔人的山岳台、亚述人的萨艮二世王宫、新巴比伦人的伊什塔尔城门和空中花园、波斯人的帕塞玻里斯宫。

2.2　建筑的一般特征

2.2.1　建筑材料

主要建筑材料是土坯砖。两河流域地区，由于缺少石材和树木，长期以来使用土坯和芦苇造房子。后来西亚人用优质黏土制成日晒砖、窑砖等，砌砖用的黏结材料，早期用当地出产的沥青，后期用含有石灰质泥土制成的灰浆，从而发展了制砖和拱券技术。在新巴比伦建筑中，还发现有彩色琉璃砖的浮雕装饰，主要是蓝底、黄白色浮雕。

2.2.2　建筑技术

两河流域最早发明了券、拱和穹顶结构技术，并用沥青为黏结材料。公元前4世纪起，开始大量使用土坯，公元前4世纪末，有了券拱技术，但由于缺乏燃料，砖的产量不大，所以券拱技术没有发展，只用于仓库、坟墓和水沟，住宅和庙宇只在门洞上发券。建筑墙体的下部用乱石砌筑，以上用土坯，土坯墙里加木骨架，墙面抹泥或石灰。

2.2.3　饰面装饰

两河流域原是一片河沙冲击地，没有可供建筑使用的石料，苏美尔人用黏土制成砖坯，作为主要建筑原料。当地多暴雨，为了保护墙体免受雨水侵蚀，约公元前4千纪，在一些重要建筑物的重要部位，趁土坯还潮软的时候，揿进长约12cm的圆锥形陶钉，以增加砌体的强度。陶钉密密挨在一起，底面形同镶嵌，于是将底面涂上红、白、黑三种颜色，组成图案。起初图案是编织纹样，模仿日常使用的苇席（图2-1）。后来陶钉底面做成多种式样，有花朵的、有动物形的，摆脱了模仿，有了适合自己工艺的特色。

图2-1　古代两河流域
土墙陶钉饰面图

当地盛产石油，公元前3千纪之后，多用沥青保护墙面，比陶钉更便于施工，更能防潮，因此陶钉渐渐被淘汰。为了保护沥青免受烈日的暴晒，又在它的外表面贴各色的石片和贝壳。它们构成斑斓的装饰图案，把陶钉作大面积彩色饰面的传统保持了下来。

因为土坯墙的下部最易损坏，所以多在这个部位用砖或石垒，重要的建筑更以石板贴面，做成墙裙。于是，在墙的基脚部分或墙裙上作横幅的浮雕就成了这一地区古代建筑的又一特色。浮雕或者刻在石板上，或者用特制的型砖砌成。为了适合型砖宜于模压生产的特点，砖砌的浮雕重复有限的几个母题。

大约在公元前3千纪，两河下游在生产砖的过程中发明了琉璃。它的防水性能好，色泽美丽，又无需像石片和贝壳需要在自然界采集，因此逐渐成了这地区最重要的饰面材料，并且传到上游地区和伊朗高原。琉璃饰面上的浮雕，预先分片做成小块的琉璃砖，在贴面时再拼合起来，题材多是程式化的动物、植物或者其他花饰。琉璃饰面大面积底子是深蓝色的，浮雕是白色或者金黄色的，轮廓分明，装饰性很强（图2-2）。饰面构图可以整面墙为一幅画，上下分段处理，题材横向重复而上下段不同；也可在大墙面均匀地排列一两种动物像，简单而不断重复。少数饰面题材反复使用，平面感很强的图案化构图，适用于土坯墙的结构逻辑，也完全符合琉璃砖大量模制的生产特点和小块拼镶的施工工艺。

图 2-2　古代两河流域土墙琉璃砖饰面浮雕

2.3　代表实例

2.3.1　观象台（Ziggurat，公元前 2200~公元前 500 年）

观象台又称山岳台，是古代西亚人崇拜山岳、崇拜天体、观测星象的塔式建筑物。山岳台是一种多层的高台，有坡道或者阶梯逐层通达台顶，顶上有一间不大的神堂。坡道或阶梯有正对着高台立面的，有沿正面左右分开上去的，也有螺旋式的，与古埃及的台阶形金字塔类似，或许存在某种联系（图 2-3）。

残留至今的乌尔观象台，由夯土建成，外贴一层砖，砌着薄薄的凸出体（图 2-4）。第一层基底面积为 65m×45m，高 9.75m，有三条大坡道，一条垂直于正面，两条贴着正面。第二层的基底面积为 37m×23m，高 2.50m，以上残毁，据估算，总高约 21m。

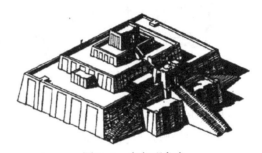

图 2-3　新巴比伦双坡道山岳台　　　　图 2-4　乌尔观象台

2.3.2　萨艮王宫（The Palace of Sargon Khorsaabad，公元前 722~前 705 年）

萨艮王宫是两河上游亚述的最重要的建筑遗迹（图 2-5）。城市平面为方形，每边长约 2km。城墙厚约 50m，高约 20m，上有可供四马战车奔驰的大坡道，还有碉堡和各种防御性门楼。宫殿与观象台同建在一高 18m、边长 300m 的方形土台上。从地面通过宽阔的坡道和台阶可达宫门，宫殿由 30 多个内院组成，功能分区明确，有房间 200 余间（图 2-6）。在其平台的下面，砌有拱券沟渠。

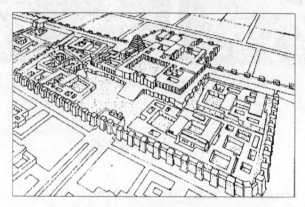

图 2-5　萨艮王宫鸟瞰图

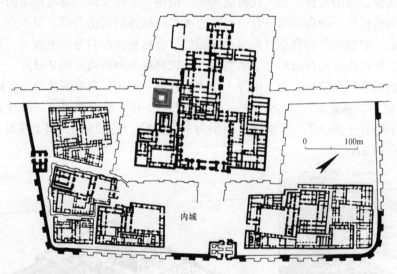

内城

0　　　　100m

图 2-6　萨艮王宫平面图

由四座碉楼夹着三个拱门的宫城门为两河下游的典型形式。王宫正面的一对塔楼突出了中央的券形入口，宫墙满贴彩色琉璃面砖，上部有雉堞，下部有高 3 米多的石板贴面，主大门处石板上的一对人首翼牛像高约 3.8m。

人首翼牛像（Winged bull）是萨艮王宫宫殿裙墙转角处的一种建筑装饰，具有五条腿，正面看有两条腿，侧面看有四条腿，转角处有一条腿在两面共用。它们正面表现为圆雕，侧面为浮雕，从正、侧面看起来形象都很完整。因为巧妙地符合观赏条件，所以并不显得荒诞。这种艺术构思，不受雕刻体裁的束缚，把图雕和浮雕结合起来，很有创新精神。它是亚述常用象征健壮和智慧的装饰题材，这个可能和埃及的狮身人面像有联系（图2-7）。

图2-7　萨艮王宫人首翼牛像

2.3.3　新巴比伦城（公元前626～前539年）

巴比伦城位于伊拉克首都巴格达以南90km处。巴比伦，阿卡德语意为"神之门"。巴比伦原是阿莫里特人苏木阿布在公元前1894年建立小王国的中心，到第六代国王汉谟拉比（公元前1792～前1750年）征服周围的城邦国家后，定都于此，为古巴比伦王国的商业和行政中心。公元前626年，迦勒底人那波帕拉萨尔在此建立新巴比伦王国，尼布甲尼撒二世（公元前605～前562年在位）时达到全盛。

新巴比伦城面积为1.6km×2.6km，跨在幼发拉底河之上，分河东河西两部分，四周建有城墙，两道城墙外建有护城河（图2-8）。城市街道布局相当规整，住宅区为连排的3、4层建筑，城门外西侧是著名的空中花园。北面的伊什塔尔门是献给女神伊什塔尔的建筑，是新巴比伦建筑的代表作。城门用华丽的琉璃砖装饰，它实际上是座四方形的高大望楼。望楼与望楼之间用拱形过道相衔接，使城门显得更为壮丽。城墙与望楼的墙面砌的是藏青色琉璃砖，整个墙面嵌饰着瓷砖制成的野牛和龙兽形象浮雕共575个。连接伊什塔尔门的是城内中央大道，这条大道用1.05m见方的石灰石砌成，中央用白色与玫瑰色石板镶拼，两边以红色石板镶拼，石板上还刻着楔形文字的铭文。各种金色的动物塑在藏青色琉璃砖上，具有特殊的艺术效果。古代隆重的盛典游行行列都要通过这条大道，故称"圣道"（图2-9）。新巴比伦城见证了世界上最具影响力的古国之一曾经的辉煌。

空中花园建于一系列高大建筑的四层平台之上，平面为长方形，约 275m×183m（图 2-10）。据说是新巴比伦王国的尼布甲尼撒二世，为了取悦他的皇后，建造了一座高达 25m 的空中花园，它由沥青及砖块仿假山建成，并且有灌溉系统，远望如悬于空中，提幼发拉底河水灌溉。置身其中，绿荫浮空，恍若人间仙境，在上面可以俯瞰巴比伦全城。

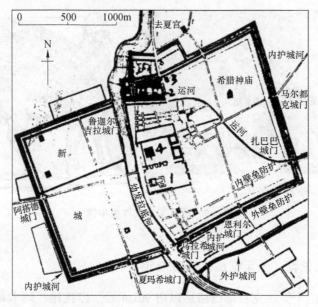

图 2-8　新巴比伦城平面图

图 2-9　伊什塔尔城门及中央大道图

图 2-10　新巴比伦城空中花园

2.3.4 帕赛玻里斯宫（Palaces of Persepolis，公元前518~前460年）

珀赛玻里斯宫的建筑群倚山建于高15m、宽450m、深300m的一个大平台上（图2-11）。入口处是一处壮观的石砌大台阶，台阶宽6.7m，邻近两侧刻有朝贡行列的浮雕，前有门楼。中央为接待厅和百柱厅，东南面为宫殿和内宫，两个仪典大厅、后宫、财库之间以"三门厅"为联系，周围有绿化和凉亭等景观环境，布局整齐，但无轴线关系（图2-12）。

图2-11 宫殿建筑群西北方向景观图

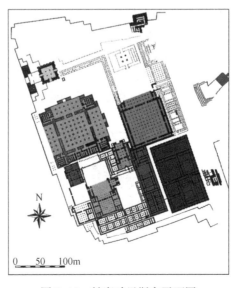

图2-12 帕赛玻里斯宫平面图

伊朗高原盛产硬质彩色石灰岩，再加上气候干燥炎热，所以建筑多为石梁柱结构，外有长廊。百柱厅平面为68.6m见方，内有柱子100根，柱高11.3m。接待厅平面为62.5m见方，内有柱子36根，高18.6m，直径约为柱高的1/12。厅内柱子的柱础和柱头都非常华丽（图2-13）。柱础是高高的覆钟形的，刻着花

图2-13　帕赛玻里斯宫殿柱子

瓣，覆钟之上是半圆线脚；柱身有40~48个凹槽；柱头由覆钟、仰钵、几对竖着的涡卷和一对背对背跪着的雄牛组成，雕刻很精巧，柱头的高度几乎占整个柱子高度的2/5。

2.4　结　语

（1）古代两河流域因地势低洼，大型建筑一般建造在高台上，成为宫殿、庙宇、观象台常用的手法。

（2）由于两河流域缺少木材与石料，因此在建筑材料上发展了早期的土坯砖和烧砖，后来还创造了装饰墙面的彩色琉璃砖。

（3）两河流域最早发明了券、拱和穹顶结构技术，并用沥青为黏结材料。

（4）从功能需要演变而来的建筑装饰技术发展成熟，完全符合琉璃砖大量模制的生产特点和小块拼镶的施工工艺，适应于土坯墙的结构逻辑，这一材料、结构与建筑造型艺术有机结合的技术与建筑艺术成就，影响了小亚细亚、欧洲、北非，后来对拜占庭、伊斯兰建筑有着深远的影响。

（5）伊朗高原的波斯，继承了两河流域的传统，又发挥了本地建筑石材的优势，并吸收了古埃及与古希腊的建筑文化，融合而成了自己独立的建筑体系，创造了规模巨大、艺术精湛的建筑，取得了非凡的建筑成就。

扫码看本章彩图

3 古希腊建筑

（约公元前 3000~前 146 年）

3.1 建筑的历史分期与背景条件

3.1.1 建筑的历史分期

古希腊建筑按其历史发展可分为以下五个时期：

（1）先希腊时期（约公元前 3000~前 1400 年）。先希腊时期是指古代爱琴海文明时期，爱琴海文明以爱琴海为中心，包括希腊半岛、爱琴海中各岛屿和小亚细亚西海岸的地区。公元前 2000 年左右，爱琴海上的克里特岛、希腊半岛上的迈西尼和小亚细亚的特洛伊建立了早期的奴隶制王国。由于手工业和海上贸易的发达，以及克里特岛同隔海的古埃及在文化上的交流，先后出现了以克里特和迈西尼为中心的古爱琴文明，史称克里特—迈西尼文化。它是古希腊以前的文化，曾繁荣了好几百年。

公元前 1400 年左右，由于外族入侵，克里特—迈西尼文化受到破坏和湮没。对于它的存在，人们是通过 19 世纪末的考古发掘才知道的。从克里特—迈西尼发掘出来的遗址中有城市、宫殿、住宅、陵墓和城堡等。如克里特岛的建筑以克诺索斯的米诺斯王宫闻名，迈西尼则以卫城的城门——"狮子门"为杰出的代表。它们的石砌技术、上大小下的柱式以及壁画、金属构件、制陶等均表现出很高的工艺水平。

（2）荷马时期（公元前 11~前 8 世纪）。氏族社会开始解体，这时希腊文化落后于爱琴文化，但在许多方面继承了爱琴文化。建筑方面，长方形的正室成了住宅的基本形制。跨度较小，所以平面狭长，有一道横墙划分前后。氏族领袖的住宅兼作敬神场所，因此早期的神庙采用了与住宅相同的正室形制。有些神庙在中央纵向加一排柱子，增大宽度，有些神庙在前室或者前后室也添加了前廊。神庙的型制基本形成，主要建筑材料是木头和生土，建筑遗址基本不存。

（3）古风时期（公元前 7~前 6 世纪）。手工业和商业发达起来，新的城市产生。这一时期古希腊的宗教已经基本定型，英雄守护神崇拜从泛神崇拜中凸显出来，产生了一些具有全希腊意义的宗教圣地。这些圣地里，形成了希腊圣地的代表性布局。神庙改用石头建造，"柱式"也基本定型。该时期是纪念性建筑形成的时期，建筑遗迹以石砌神庙为主。

（4）古典时期（公元前 5 ~ 前 4 世纪）。古典时期是希腊文化的极盛时期。有一些商业、手工业发达的城邦，如雅典、米利都（Miletus），自由民的民主制度都达到很高的地步。公元前 500 年的希波战争，雅典起领袖作用，古希腊各城邦同心协力战胜了入侵的波斯人。希腊获胜后，自由民主制的雅典成了各城邦的盟主，古希腊进入全盛时期，经济发展，文化、思想、艺术等领域都发展到了极盛时期。这个时期，纪念性建筑圣地建筑群和神庙建筑完全成熟，建造了古希腊圣地建筑群艺术最高代表的雅典卫城，建造了古希腊神庙艺术最高代表的雅典卫城中的帕提农神庙（Parthenon）。建筑类型除了神庙外，还有大量供奴隶主与自由民进行公共活动的场所，如露天剧场、竞技场、广场和长廊等。建筑风格开敞明亮，讲究艺术效果，柱式也在这些建筑中成了最完美的代表作品，古希腊文化在欧洲的光辉地位是这时候奠定的。

（5）希腊化时期（公元前 4 ~ 前 2 世纪）。公元前 431 ~ 前 404 年，爆发了伯罗奔尼撒战争，以贵族专制政体的斯巴达为首的城邦集团，打败了以自由民民主制的雅典为首的城邦集团。公元前 338 年，马其顿统一了全希腊，随后亚历山大大帝建立了横跨欧、亚、非三洲的大帝国，并且大力倡导希腊文化。各种文化的大交流大融合，导致了经济文化的新高涨。世俗的公共建筑类型增加，功能专化、艺术手段更加丰富。会堂、露天剧场、市场、浴室、旅馆、俱乐部等公共建筑的形制逐渐稳定成熟，私人住宅的水平也普遍提高，并且建造了图书馆、灯塔、码头和测气象的"风塔"等新类型的公共建筑。由于阶级分化，民主制度的瓦解，特殊人物个人的纪念物逐渐发展起来，并且流行集中式的构图型制，代表建筑是雅典的奖杯亭，也是早期科林斯柱式的代表建筑。亚历山大大帝去世后，帝国分裂成一些小国家，但继续保持着希腊文化的强大影响，并促进了地中海各地和西亚、北非的经济、文化的大交流和大融合。正是这个希腊化时期，为古罗马文化和建筑的发展准备了前期条件。

3.1.2 背景条件

古代希腊不是一个国家的概念，而是一个地区的称谓。公元前 8 世纪起，在巴尔干半岛、小亚细亚西岸和爱琴海的岛屿上建立了很多小小的奴隶制城邦国家。他们向外移民，又在意大利、西西里和黑海沿岸建立了许多国家。这些国家之间的政治、经济、文化关系十分密切，虽然从来没有统一，但总称为古代希腊。

希腊属于亚热带的气候，平均温度差不超过 17°C，很适宜于人的户外生活，当时运动盛行，体育建筑随之得到很大的发展。希腊多山地形，岛屿众多，地质盛产举世闻名的大理石与精美的陶土。这种大理石色美质坚，适宜于各种雕刻与装饰，给希腊建筑的发展创造了优越的条件。而陶贴面则有重大的装饰意义，易于制作精细的花纹和线脚，为精美的希腊建筑提供了物质基础。

古代爱琴文明时期是指希腊本土文化前的先希腊时期。爱琴文化地区的建筑特点：爱琴文化的建筑技术与亚述的相似，墙的下部用乱石砌筑，以上用土坯，土坯墙里加木骨架，墙面抹泥或石灰，露出木骨架，涂成深红色，构架露明，房屋显得较轻快。迈西尼文明是爱琴文明的一个重要组成部分，继承和发展了克里特文明，迈西尼的建筑风格大异于克里特的建筑。一个粗犷雄健，一个纤秀华丽；一个有极强的防御性，一个毫不设防，但二者也有不少共同点，如以正室为核心的宫殿建筑群布局、工字形平面的大门、上粗下细的石柱等，这些共同点影响到以后的希腊建筑。

古代希腊文化和此后的古罗马盛期的文化，史称为欧洲的古典文化。古希腊是古典文化的先驱、欧洲文明的摇篮，西方社会的基本理念都源于希腊，古希腊建筑是西欧建筑的开拓者。它的一些建筑物的形制，石质梁柱结构构件及其组合的特定的艺术形式，建筑物和建筑群设计的一些基本原则和艺术经验，深深影响着欧洲两千多年的建筑史。古希腊建筑的主要成就是纪念性建筑和建筑群艺术形式的完美。但古希腊建筑发展的速度很缓慢，建筑形制、结构比较简单，建筑类型也不多。在几个世纪的漫长时间中，在建筑形式上，反复推敲，反复琢磨，终于达到了精细入微的境地。

3.2 建筑的一般特征

3.2.1 建筑材料

常见的古希腊建筑材料是木材，用来支撑和当作屋梁。未烧结的砖常用于民宅筑墙，而石灰岩和大理石被用于做寺庙和公共建筑的柱子，墙壁和上半部分的建筑，陶瓦（terracotta）用作屋瓦和装饰，而金属，特别是青铜，被用在装饰建筑的细节部分。

3.2.2 建筑技术

希腊早期主要用木构架，后期使用石材，木构架和陶片常用的彩绘，不适合于石质的建筑物，逐渐过渡到石材的雕刻。结构形式为梁柱体系，出现叠涩技术、木质桁架技术，以及从东方传来的砖和面砖的生产技术、拱券技术，广泛使用叠柱式和壁柱，三种柱式出现。

3.2.3 崇尚柱式

柱式有多立克（Doric）、爱奥尼（Ionic）、科林斯（Corinthian）三种（图3-1）。

（1）多立克柱式（Doric Order）。多
立克柱式是在多利安人（希腊人种的两分
支之一）占领的土地上发展形成的，并成
为希腊大陆地区、意大利南部及西西里岛
的一种首选装饰风格。公元前5世纪中期
达到成熟，并为罗马人所接受。它的特征
是线条刚劲，坚固有力，体现男性的美；
以柱身下部直径尺寸的4~6倍作为包括柱
头在内的柱子的高度；通常没有柱础，直
接立在台基上；柱身是有尖锐棱角的凹

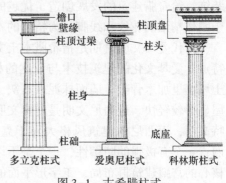

图3-1　古希腊柱式

槽，收分、卷杀较明显；柱头是简单、厚重的倒圆锥台。雅典的帕提农神庙被认
为是多立克风格最完美的代表创作。

（2）爱奥尼柱式（Ionic Order）。爱奥尼柱式产生于小亚细亚和爱琴群岛。
它的特征是比例较长、开间较宽，秀美华丽、优雅纤巧，具有女性的体态与性
格；以柱身下部直径尺寸的8倍作为包括柱头在内柱子的高度；柱础为复杂组
合而有弹性；柱身是带有小圆面的凹槽，收分不明显，檐部较薄；柱头有精巧如
圆形的涡卷。另外，使用多种复合线脚。雅典伊瑞克提翁神庙中的爱奥尼柱式是
爱奥尼风格的代表创作。

（3）科林斯柱式（Corinthian Order）。科林斯柱式出现较晚，直到希腊化时
期才趋于成熟。它的特征是柱头由毛茛叶组成，宛如一个花篮；其柱身、柱础与
整体比例与爱奥尼柱式相似，但科林斯柱的柱头比爱奥尼柱式更为华丽、细巧，
柱身也更为细长。其避免了爱奥尼柱式只宜单面观看的弱点，同时也表现出希腊
晚期建筑对精雕细刻的追求。雅典烈雪格拉德音乐纪念亭的科林斯柱式是科林斯
风格的代表创作。

3.2.4　建筑风格

现存的建筑物遗址主要就是神庙、剧场、竞技场等公共建筑，其中神庙为一
个城邦的重要活动中心，它也最能代表那一时期建筑的风貌。希腊神庙建筑总的
风格是庄重典雅，具有和谐、壮丽、崇高的美，这些风格特点在各个方面都有鲜
明的表现。建筑空间关系简单、追求比例完美、细部精致。

3.2.5　庙宇特点

早期庙宇用木构架和土坯建造，为保护墙面形成了柱廊式庙宇。因为圣地里
的各种活动都在露天进行，庙宇处在活动的中心，所以它的外观很重要。在长期
实践过程中，庙宇外一圈柱廊的艺术作用被认识到了。它使庙宇四个立面连续统

一，符合庙宇在建筑群中的位置的要求；它造成了丰富的光影和虚实的变化，消除了封闭的沉闷之感；它使庙宇同自然互相渗透，关系和谐，它的形象适合于民间自然神的宗教观念，适合圣地上的世俗节庆活动。

神庙除屋架外，庙宇全部用石材建造。柱子、额枋和檐部的艺术处理基本上决定了庙宇的外貌。神庙一般结合地形自由布局，以外部空间为主要活动空间。神庙一般规模不大，呈东西向，以便初升的太阳能够最先照射到神像身上。神庙在形状上几乎是矩形，其基本组成元素包括：柱廊（柱廊是希腊建筑的独特之处）环绕着主殿，两者之间以走道隔开；主殿通常包含三部分：门廊、圣殿（正殿）及后室（后殿或称为门斗）。膜拜仪式通常在殿外举行，柱廊是神庙外部艺术处理的重点。

古希腊人的生活受控于宗教，所以理所当然的，古希腊的建筑最大的最漂亮的都非希腊神殿莫属。古希腊人认为，神也是人，只是神比普通人更加完美，他们认为供给神居住的地方也不过是比普通人更加高级的住宅。因此，希腊最早的神殿建筑与贵族居住的长方形有门廊的建筑没什么区别。后来加入柱式，由早期的"端柱门廊式"逐步发展到"前廊式"，即神殿前面门廊是由四根圆柱组成，以后又发展到"前后廊式"，到公元前6世纪前后廊式又演变为希腊神殿建筑的标准形式——"围柱式"，即长方形神殿四周均用柱廊环绕起来（图3-2）。

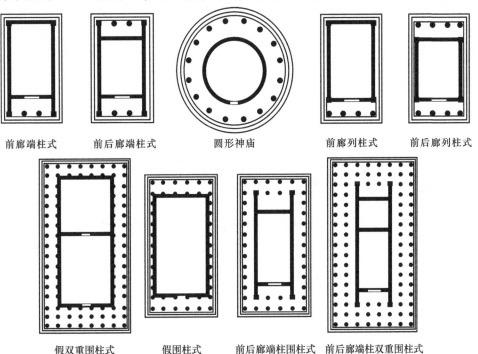

前廊端柱式　　前后廊端柱式　　圆形神庙　　前廊列柱式　　前后廊列柱式

假双重围柱式　　假围柱式　　前后廊端柱围柱式　　前后廊端柱双重围柱式

图3-2　古希腊神庙的主要平面型制图

3.3 代表实例

3.3.1 克诺索斯的米诺斯王宫（Palace of Minos, Knossos, 公元前 1600 ~ 前 1500年）

克里特岛建筑全是世俗性的，克诺索斯的米诺斯王宫是世俗性的宫殿建筑。建筑以复杂的迷宫型制为特点，宫殿西北有世界上最早的露天剧场。建筑群选址结合坡地布置，依山而建，规模庞大（图3-3）。采用庭院式布局，近似长方形的平面，中间围以院落。建筑群功能分区明确，院子东南侧是国王起居部分，北面为露天剧场，西面为狭长仓库，东南角的阶梯直抵山下（图3-4）。各种宫室在设计上毫无对称平衡，由一条条长廊、门厅、通道、阶梯、复道和一扇扇重门连接在一起。它独特的艺术手法体现在空间处理上，巧妙利用地形落差，形成高低错落的内部空间，并以曲折离奇的楼梯走道连接，厅堂柱廊布局开敞，组合形式多种多样，被称为迷宫。宫殿壁画装饰风格写实，色彩丰富（图3-5），宫殿的柱子样式是上粗下细的圆柱，比例均匀，挺拔俊秀，呈红、黄两色，消除了建筑沉重的体量感（图3-6）。宫殿多采用宽大的窗口和柱廊，还设置了许多天井来采光通风。它们宽窄不同，高矮各异，精巧地组合在一起，使王宫空间变化多样，姿态万千（图3-7）。建筑精巧纤丽，色彩浓艳，运用橙、红、黑等对比强烈的色彩，带有典型的地中海特色。

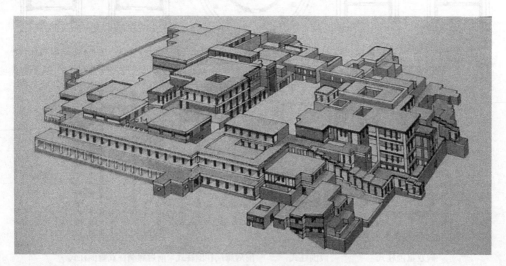

图3-3　米诺斯王宫鸟瞰图

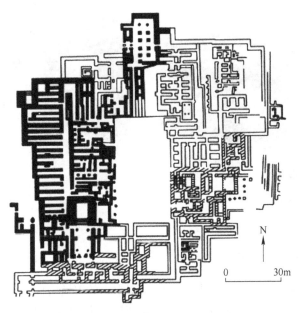

图 3-4　米诺斯王宫平面图

图 3-5　米诺斯王宫壁画

图 3-6　米诺斯王宫柱子　　　　　　　　图 3-7 米诺斯王宫室内

3.3.2　迈西尼卫城的狮子门 （Lion Gate，Mycenae，约公元前 1250 年）

迈西尼文化略晚于克里特，其建筑以城市中心的卫城为代表，风格粗犷，防御性强（图 3-8）。迈西尼卫城的城门因其狮子雕刻得名为"狮子门"（图 3-9）。"狮子门"是卫城的主要入口，由两块垂直的石块和一块巨大的过梁组成。门两侧城墙突出，形成一个狭长的过道，加强了防御性。门宽 3.2m，上有一长4.9m、厚2.4m、中高1.06m 的石梁，梁上是一个三角形的叠涩券，券的空洞处镶一块三角形的石板，上面刻着一对雄狮护柱的浮雕。这种城门的样式在迈西尼相当普遍，附近围墙都用大石块砌成，大的石块重达 5~6t。

图 3-8　迈西尼卫城平面示意图　　　　　图 3-9　迈西尼卫城的"狮子门"

3.3.3　雅典卫城 （The Acropolis，Athens，公元前 448~前 406 年）

雅典卫城是古希腊最具代表性的建筑群，它几乎影响了此后欧洲几千年的建筑，现今仍是世界上最经典的建筑群之一。公元前 5 世纪中叶，希腊人为纪念希波战争的胜利，在雅典进行了大规模的建设。建设的重点在卫城，在这种情况下，雅典卫城达到了古希腊圣地建筑群、庙宇、柱式和雕刻的最高水平，也是全希腊的精神、文化及政治中心。

雅典卫城选址在雅典城西南的一个陡峭的高岗平台上，仅西面有一通道盘旋而上，雅典卫城南坡是平民的群众活动中心，有露天剧场和敞廊。卫城的主要建筑物包括帕提农神庙（The Parthenon，膜拜雅典娜的神庙）、伊瑞克提翁神庙（The Erechtheion，以著名的女像柱廊闻名于世）、胜利神庙（The Temple of Athena Nike）、山门（Thepropylaea）及卫雅典娜神像（图3-10）。整体布局考虑了山势、祭典序列以及人们对建筑空间及其形体的艺术感受，自由错落地布置各种形制不一、体量各异的建筑和大量有助于人们情感迸发的雕刻，弱化了轴线关系。控制着卫城整体布局的帕提农神庙处于卫城最高点，体量最大，造型庄重，是卫城中唯一使用多立克柱廊的建筑。艺术处理注重建筑对比与景观构成，精细考虑建筑单体相互间在柱式、大小、体量等方面的对比和变化。建筑因山就势，主次分明，高低错落，巧妙利用了不规则不对称的地形，使得每一景物都各有其一定角度的最佳透视效果，也突出了帕提农神庙的主导地位。随着祭神队伍行进，建筑物和雕刻交替成为视觉画面的中心，形成一个动态的空间序列，无论是身处其间或是从城下仰望，都可看到较完整丰富的建筑艺术形象（图3-11）。建筑装饰使用理性化、纯净的装饰手法，山花、柱子等逻辑关系简明清晰，注重数字与比例的协调关系，注重人体美学的发掘，这种美学充分体现在两种柱式的应用上。

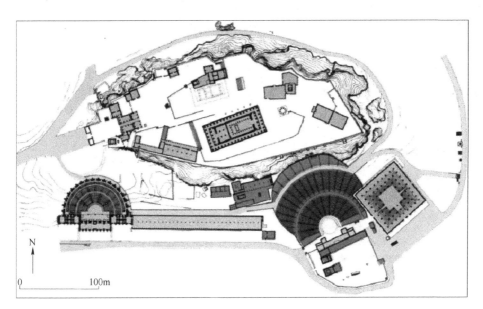

图3-10 雅典卫城总平面图

图 3-11　雅典卫城效果图

3.3.4　帕提农神庙（Parthenon，公元前 447~前 432 年）

帕提农神庙位于雅典卫城的山顶，是供奉雅典娜的大庙，是雅典卫城建筑群的中心。作为建筑群的中心，从几个方面去突出它：第一，把它放在卫城上最高处，距山门 80m 左右，一进山门，有很好的观赏距离；第二，它是希腊本土最大的多立克式庙宇，正立面应用 8 根多立克柱子，侧立面是 17 根，高度为 10.4m，台基的面积为 30.89m×69.54m；第三，它是卫城中唯一的围廊式庙宇，型制最隆重；第四，它是卫城中最华丽的建筑物，全用白大理石砌成，铜门镀金，山墙尖上的装饰是金的，陇间板、山花和圣堂墙垣的外檐壁上满是雕刻。它们是古希腊最伟大的雕刻杰作的一部分。瓦挡、柱头和整个檐部，包括雕刻在内，都有浓重的色彩，以红蓝为主，夹杂着金箔。帕提农神庙是肃穆而又欢乐的，它定下了建筑群的基调（图 3-12、图 3-13）。

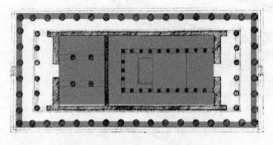

图 3-12　帕提农神庙平面图

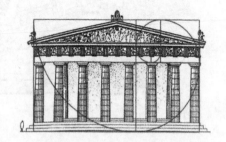

图 3-13　帕提农神庙立面图

帕提农神庙建筑内部分成两半。朝东的一半是圣堂，圣堂内部的南、北、西三面都有列柱，是多立克式的。为了使它们细一些，尺度小一些，以反衬出神像的高大和内部的宽阔，这些列柱做成上下两层，重叠起来。神像是用象牙和黄金制成的，高约12m，是古希腊雕刻家菲迪亚斯制作的艺术精品（图3-14）。朝西的一半是存放国家财物和档案的方厅，里面4根柱子用爱奥尼式，构思也是为了柱子要细一点，室内空间要大一点。

图3-14　帕提农神庙室内

帕提农神庙的多立克柱式代表着古希腊多立克柱式的最高成就（图3-15、3-16）。它的比例匀称，风格刚劲雄健，全然没有丝毫的重拙之感。它自身存在着一个重复使用的4∶9比例数。台基的宽比长、柱子的底径比柱中线距，正面水平檐口的高比正面的宽，大体都是4∶9，从而使它的构图有条不紊。檐部比较薄，柱间净空比较宽，柱子比较修长，不像它以前的多立克柱式那么沉重，且都易于同爱奥尼柱式协调。柱头外廓近于45°斜线，坚挺有力。

图3-15　帕提农神庙遗址

图3-16　帕提农神庙剖透图

帕提农神庙采用的视觉调整手法，如图 3-17 所示。为了使建筑物显得更庄重，除了加粗角柱，缩小角开间外，所有柱子都略向后倾大约 7cm，同时它们又向各个立面的中央微有倾侧，愈靠外的倾侧愈多，角柱向对角线方向后倾大约 10cm（据推算，所有的柱子的延长线大约在 3.2km 的上空汇交一点）。柱子有卷杀而不很显著，柱高 2/5 处，外廓凸出于上下直径两端所连直线最多也不过 1.7cm 左右，柱子因此既有弹性而又硬朗。整个台阶是一个极细微的弧面。额枋和台基上沿都呈中央隆起的曲线，在短边隆起 7cm，在长边隆起 11cm。墙垣都有收分，内壁垂直而外壁微向后倾。这些精致细微的处理使庙宇更加稳定，更加丰满有生气。

帕提农神庙的雕刻也是最辉煌的杰作（图 3-18）。东西山花上刻着雅典娜的故事，它们不再像前期的那样，刻板对称，而是使内容的安排巧妙地符合于三角形。陇间板雕刻着一幅幅雅典娜与雅典人征服各种敌人的神话故事。它们唤起雅典人的自豪之感。这些雕刻都是圆雕或高浮雕，因为位置很高，只有圆雕才能有足够强烈的光影，使远处的人能看清，而且与多立克风格协调。

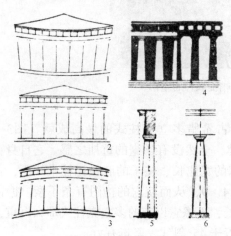

图 3-17　帕提农神庙视差校正示意图

图 3-18　帕提农神庙檐部雕刻

3.3.5　伊瑞克提翁神庙（Erechtheion，公元前 421~前 405 年）

位于帕提农神庙北面，坐落在三层不同高度的台层上，根据地形高差起伏和功能需要，平面为多种矩形的不规则组合，成功地运用不对称的构图手法，成为古希腊神庙的一个特例，打破了古希腊神庙一贯对称的构图格式（图 3-19）。它由三个小神殿、两个门廊和一个女像柱廊组成。伊瑞克提翁神庙是古代盛期爱奥尼克柱式的代表，东立面由 6 根爱奥尼克柱式构成入口门廊，西南面为女雕像柱廊（图 3-20~图 3-24）。

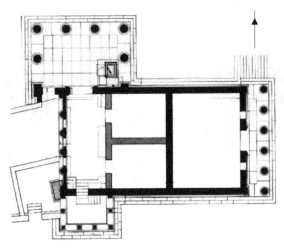

图 3-19 伊瑞克提翁神庙平面图

图 3-20 伊瑞克提翁神庙外观图

图 3-21 伊瑞克提翁神庙遗址

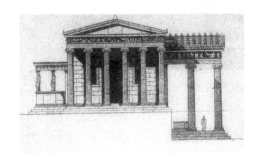

图 3-22 伊瑞克提翁神庙东立面图

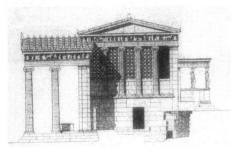

图 3-23 伊瑞克提翁神庙西立面图

　　伊瑞克提翁神庙以小巧、精致、生动的造型,与帕提农神庙的庞大、粗壮、有力的体量形成对比。它不仅衬托了帕提农神庙的庄重雄伟,也表现了神庙本身的精巧秀丽。整座建筑用白色云石建成,其比例和谐得体、构图生动独特,柱头、花饰、线脚雕饰精细,表现了古代希腊建筑高超的艺术。

图 3-24　伊瑞克提翁神庙女雕像柱廊

3.3.6　卫城山门（The Propylea，公元前 437~前 432 年）

卫城山门是由建筑师穆尼西克里（Mnesicles）设计建造的。山门是卫城的唯一出入口，在屋顶分成两部分，因地制宜，北翼展览室，南翼敞廊，做成不对称的形式。内部采用爱奥尼克柱式，两翼和外侧使用的是多立克柱式。两侧体量较小，使山门更显壮观，从山门口就可看到雅典娜神像（图 3-25）。

图 3-25　卫城山门外观图

山门前后各有六根多立克柱子。东面的高 8.53~8.57m，西面的高 8.81m，底径都是 1.56m，檐部高与柱高之比为 1∶3.12。为了通过车辆与献祭队伍，山门为五开间，中央开间特别大，中线距是 5.43m，净空 3.85m。门的西半部，沿中央的道路两侧，有三对爱奥尼式柱子（图 3-26、图 3-27）。这在多立克式建筑物里用爱奥尼柱子，是雅典卫城的首创。设计艺术手法采用对比手法，两翼体量小，突出了主体的雄伟；外观朴素而内部华丽，符合视觉规律和室内气氛；立面分段的灵活处理、三种柱式的组合应用，打破以往的设计习俗。

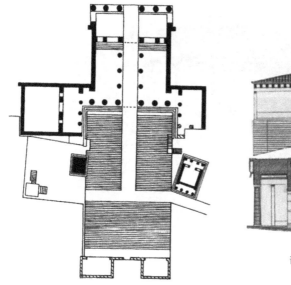

图 3-26 卫城山门平面图

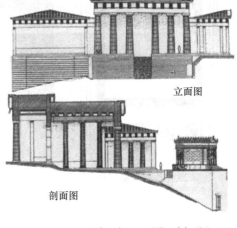

立面图

剖面图

图 3-27 卫城山门立面图、剖面图

3.3.7 胜利神庙 （Temple of Nike Apteros，公元前 427~前 421 年）

胜利神庙位于山门南侧，点明雅典卫城是为了庆祝希波战争胜利而建这一主题。它规模较小（8.2m×5.4m），其形制属前后廊列柱式。采用爱奥尼柱式，也是爱奥尼柱式神庙的典范（图 3-28~图 3-30）。

图 3-28 胜利神庙远眺图

由于山门两侧的不对称性，胜利神庙起到了与山门构图上的平衡作用，向山门处的扭转，将最佳视角朝向由山下拾阶而上的观赏者。在其前与后的门廊上，各有四根爱奥尼柱子，从柱座到墙顶仅仅 3.3m 高，底直径为 0.533m，柱子对自身比例做出一定变化，使得与山门的多立克柱式协调统一。它的整个体量与形象同峭壁、山门组成一个统一均衡的构图。

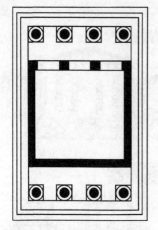

图 3-29　胜利神庙平面图

图 3-30　胜利神庙立面图

3.3.8　埃比道拉斯剧场（Theatre，Epidauros，公元前 350 年）

埃比道拉斯剧场是古希腊晚期最著名的露天剧场之一。其中心是圆形表演平台，叫歌坛，直径约 20.4m。歌坛前面是建在自然山坡上的扇形看台，直径约为 118m，有 34 排座位，以过道相连，歌坛后面是舞台（图 3-31、图 3-32）。

它是现代观演类建筑的原型，注重与自然环境的结合，依天然地势而建，可容纳数万人。观众席在平面上尽可能呈完美的半圆形。外围地势较高，向内逐级降低，整体呈漏斗状，漏斗底部的中心位置作为一个圆形表演平台。平台的后面为化妆楼，化妆楼的立面便是舞台的背景，楼内可分为化妆室和道具室。观众席由石头砌筑的台阶和坐席构成，中间设有宽阔的放射状过道，顺圆弧方向也设有辅助走道，人流不交叉，聚散方便。

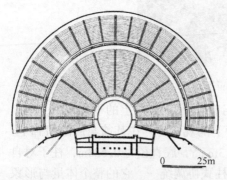

图 3-31　埃比道拉斯剧场平面图

图 3-32　埃比道拉斯剧场鸟瞰图

3.3.9 列雪格拉德音乐纪念亭（Choragic Monument of Lysicrates，公元前335~前334年）

列雪格拉德音乐纪念亭又称雅典奖杯亭，希腊本土后期的作品，是集中式纪念性建筑物的一种新形制，它是纪念表彰音乐竞赛而设立的，也是早期科林斯柱式的代表建筑（图3-33）。

圆形的亭子高3.86m，立在4.77m高的方形基座上。圆锥形顶子之上是卷草组成的架子，放置音乐赛会的奖杯。亭子是实心的，6根科林斯式的倚柱，集中式向上发展的多层构图，是纪念性建筑物的很有效果的构图。它容易造成一种卓然逸群的气概，引起人的景仰崇敬，世界各地的纪念性建筑物都常用这种构图。这种构图并不是先验地产生的，它是对现实世界的概括。全世界几乎所有的民族都对山岳有某种崇拜，或者把它当作登天的台阶，或者把它当作神的住所，或者把它当作崇高的象征，即所谓的"高山

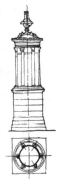

图3-33 雅典奖杯亭的
外观图、手绘图

仰止"。因为它比一切寻常的东西高大，比一切寻常的东西深邃，难于攀登又不容人轻易征服，同时，它又具有完整的形象，不像广漠旷野那样，虽然雄伟，却漫无边际。因此，人们渐渐形成了对高山的审美认识，并且把它的形象特征提炼概括，赋予纪念性建筑物，这就产生了集中式的高耸构图。在专制的埃及和西亚，这种构图很早从直接模仿山岳开始，在希腊，它很晚才被采用，这时君主专制已经取代了民主制。由此可见，人们对建筑构图的审美认识，不仅仅是对客观形象的直接反映，它还受到一定的社会性影响。

奖杯亭构图手法：基座和亭子各有完整的台基和檐部，构图独立，再谋求二者协调统一；圆亭和方基座相切；下部简洁厚重，越往上越轻快华丽，分划越细。下部用深色粗石灰石，表面处理比较粗糙，砌缝清晰；上部用白大理石，表面光滑，不露砌缝。这种处理，使它显得稳重而有树木般的向上生长的态势。

3.4 结 语

（1）古代希腊的建筑，在当时奴隶制度的条件下已经达到了很高的水平。围廊式建筑是希腊建筑对后世影响最大的，在庙宇建筑中形成一种非常完美的建筑形式。围廊造成虚实变化、光影变化，不仅消除了封闭墙面的沉闷感，还具有强烈的雕塑感，使神庙的四个面连续统一，体现庙宇在所有建筑中的重要性。

（2）在古希腊建筑的各项建筑成就中，影响最深的是古典柱式系统。古典柱式系统体现了古希腊建筑严谨的构造逻辑，每一种构件都形式完整，并与功能统一。垂直构件作垂直线角凹槽，水平构件作水平线角，关系明确。承重构件朴素无华，装饰雕刻集中在非承重构件上，使柱式受力体系在外形上脉络分明。

（3）希腊人热爱户外运动，赞美人体，完善而单纯的柱式艺术表现了他们爱美的天性。在古希腊，人体美被认为是数的和谐的最高体现，这在某种程度上也成为柱式比例所效法的依据。古希腊柱式的严谨比例所隐含的数字关系、度量秩序反映了古希腊人的美学观念，柱式的发展对古希腊建筑外部形象及形体效果起了决定性的作用。建筑物必须按照人体各部分的式样制定严格比例，以人体美为其风格的根本依据，表现了人作为万物之灵的自豪与高贵，创造了明朗、健康的建筑风格。

（4）希腊人在城市建设、建筑物的类型、视觉校正、设计手法、建筑技术、装饰艺术等方面，都有很高的成就，这些建筑上的成就对后来的古罗马，以及欧洲的建筑风格都曾产生过深远的影响。

扫码看本章彩图

4 古罗马建筑

（公元前 750~公元 395 年）

4.1 建筑的历史分期与背景条件

4.1.1 建筑的历史分期

古罗马建筑按其历史发展可分为以下三个时期：

（1）伊特鲁里亚时期（公元前 750~前 500 年）。伊特鲁里亚民族是古罗马最早的有文化记载的民族，曾是处于现代意大利半岛中部的古代城邦国家，在其发展的鼎盛时期，其建筑在石工技术、陶瓷构件与拱券结构方面取得突出成就，为罗马帝国建筑的发展创造了有利条件，罗马帝国建筑辉煌的拱券技术就是在这个基础上发展起来的。

（2）罗马共和国时期（公元前 510~前 30 年）。罗马在统一半岛与对外侵略中聚集了大量劳动力、财富与自然资源，有能力在公路、桥梁、城市街道与输水道等方面进行大规模的建设。公元前 146 年对希腊的征服，使它承袭了大量的希腊与小亚细亚文化和生活方式。这个时期主要是加强对全国各地的军事镇压和修建财富运输所必需的道路、桥梁，以及为奴隶主的生活享乐所必需的建筑，希腊建筑在建筑技艺上的精益求精与古典柱式也强烈地影响了罗马。

（3）罗马帝国时期（公元前 30~公元 395 年）。罗马帝国时期，版图进一步扩大，在军事掠夺的基础上，国家的建设繁荣起来。这时期，歌颂权力、炫耀财富、表彰功绩成为建筑的重要任务，建造了不少雄伟壮丽的凯旋门、纪功柱和以皇帝名字命名的广场、神庙等。此外，剧场、斗兽场与浴场等建筑亦趋规模宏大与豪华富丽。从公元 3 世纪起罗马帝国经济开始衰退，建筑活动也逐渐没落。公元 330 年君士坦丁大帝迁都拜占庭，公元 395 年帝国分裂为东、西罗马帝国，公元 476 年，西罗马帝国很快灭亡。

4.1.2 背景条件

罗马本是意大利半岛中部西岸的一个小城邦国家，公元前 5 世纪起实行自由民主的共和政体。公元前 3 世纪，罗马征服了全意大利，向外扩张，公元前 30 年起，罗马成为强大的罗马帝国，版图则扩大到欧、亚、非三大洲。统治了东起小亚细亚和叙利亚，西到西班牙和不列颠的广阔地区，北面包括高卢（相当于现在的法国、瑞士的大部分以及德国和比利时的一部分），南面包括埃及和北非。

古罗马时代是西方奴隶制发展的最高阶段。古罗马的建筑继承了希腊的成就，并结合了自己的传统，创造出罗马独有的风格。这个风格有鲜明的阶级性、时代性和地方性。历任罗马皇帝竞相用建筑来展示自己显赫的地位和巨大的功绩，由此开启了一个大规模的、不断创新的建筑时代，建筑高潮一直延续了400余年。

4.2 建筑的一般特征

4.2.1 建筑材料

意大利的地质成分与希腊不同，希腊主要的建筑材料是大理石和陶土，罗马则除大理石、陶土外，尚有一般的石料、砖料、砂子及小卵石，都是上等的建筑材料。特别重要的是意大利的火山灰，它是一种最早的天然水泥，用它可以调成灰浆和混凝土，这些灰浆和混凝土从很早的时候起就成为意大利人建筑技术的基础。它的使用是一场革命，完全改变了建筑结构系统，从而改变了建筑面貌。因此罗马能建造体量轻、跨度大的建筑，它的记录一直保持到19世纪后期。

4.2.2 结构技术

罗马建筑从公元前2世纪起表现出自己特有的个性，创造了光辉的混凝土拱券技术。它试验成功了填料技术：在灰浆内混杂石块。这种可塑的材料成为所有罗马建筑的结构材料。砂浆被用于创造越来越复杂的拱券形状，并且最终做出了巨大穹顶。罗马建筑的空间组合、艺术形式等都同拱券结构有血肉联系，正是这种出色的拱券技术使罗马宏伟壮丽的建筑有了实现的可能性，使罗马建筑那种空前大胆的创造精神有了根据。利用筒拱、交叉拱、十字拱、穹顶和拱券平衡技术，创造出拱券覆盖的单一空间、单向纵深空间、序列式组合空间等多种建筑形式（图4-1）。

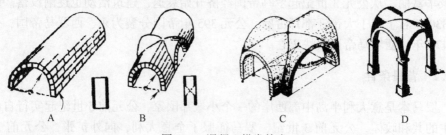

A   B   C   D

图 4-1 混凝土拱券技术

4.2.3 继承古希腊柱式并发展为五种柱式

罗马人把古希腊三种柱式发展为五种柱式，即塔司干柱式、多立克柱式、爱奥尼柱式、科林斯柱式和混合柱式（图4-2）。

（1）塔司干柱式：是希腊多立克柱式的简化，其柱身无凹槽，柱头就是简化的古希腊多立克柱头（图4-3）；

（2）多立克柱式：比希腊多立克柱式粗糙、细瘦，柱身有凹槽，有基座，柱头外观跟古希腊多立克柱式相近，但在柱头下面添上一圈环状装饰（图4-4）；

（3）爱奥尼柱式：和希腊爱奥尼柱式相似，雕刻更多，其柱头与古希腊爱奥尼柱头相同，只是把柱头上两个涡卷间的连接曲线改为水平直线（图4-5）；

（4）科林斯柱式：倍受罗马人青睐，装饰更加复杂，其柱头与古希腊科林斯柱头相似（图4-6）；

（5）混合柱式：将爱奥尼的涡卷加在科林斯柱头上，使它更丰富，其柱头是将科林斯柱头与爱奥尼柱头的涡卷相结合，形状更为复杂、华丽（图4-7）。

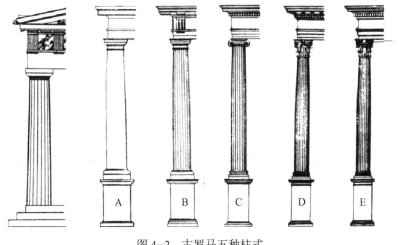

图4-2 古罗马五种柱式

图4-3 塔司干柱头

图4-4 多立克柱头

图4-5 爱奥尼柱头

图4-6　科林斯柱头　　　　图4-7　混合柱头

古罗马的五种柱式都由柱础、柱身、柱头三部分组成，每种柱式都有自身的比例关系（图4-8）。

各部分名称			塔司干	多立克	爱奥尼	科林斯混合式	希腊多立克
檐部	1/4	檐口	3/4	3/4	7/8		1/2
		檐壁	1/2	3/4	6/8	3/4	3/4
		额枋	1/2	1/2	5/8	3/4	3/4
柱子	1	柱头	1/2	1/2	1/3(1/2)	7/6	1/2
		柱身	7	6　8	7　9	8　10　8⅓	4~6　4~6
		柱础	1/2	1/2	1/2	1/2	无
基座	1/3	座檐	座檐为基座高的1/9				
		座身	基座为柱高的1/3				
		座础	座础为基座高的2/9				

（注：檐部总高——塔司干 1³/₄，多立克 2，科林斯混合式 2½）

图4-8　古罗马柱式比例

希腊的柱式和罗马的拱券相结合，又出现了新的发展形式。一种是柱式不起结构作用，拱券作承重结构，柱式成为壁柱，只起装饰用途，叫"券柱式"。还有"连续券"、叠柱式、巨柱式等多种形式（图4-9、图4-10）。

图4-9　罗马"券柱式"　　　　　　图4-10　罗马"连续券"

古罗马的柱式对古希腊柱式的继承与发展体现在以下几个方面：（1）继承古希腊柱式并发展为五种柱式：塔司干柱式、多立克柱式、爱奥尼柱式、科林斯柱式、混合柱式；（2）解决了拱券结构的笨重墙墩与柱式艺术风格的矛盾，创造了券柱式；（3）解决了柱式与多层建筑的矛盾，发展了叠柱式，创造了水平立面划分构图形式；（4）适应高大建筑体量构图，创造了巨柱式的垂直式构图形式；（5）创造了拱券与柱列的组合，将券脚立在柱式檐部上的连续券；（6）解决了柱式线脚与巨大建筑体积的矛盾，用一组线脚或复合线脚代替简单的线脚。

4.2.4 风格特征及主要类型

其大型公建风格雄浑、凝重、宏伟，形式多样，构图和谐统一。主要的建筑类型包括：议事厅（巴西利卡）、凯旋门、广场、纪念柱、浴场、陵墓、角斗场、市场、剧场、酒吧、神庙（壁柱）、学校、住宅。

4.3 代表实例

4.3.1 泰塔斯凯旋门（Arch of Titus，公元 82 年）和君士坦丁凯旋门（Arch of Constantine，公元 312 年）

凯旋门是罗马皇帝的个人纪念碑。泰塔斯凯旋门是单券构图的典型实例，它位于罗马市中心，在罗曼努姆广场到大斗兽场的路上（图 4-11）。凯旋门高14.4m，宽13.3m，深6m，中央拱券跨度为5.35m，整座建筑虽然体积不大，但因外形略近正方形，相对进深很厚，加上台基和女儿墙很高，给人以沉重、稳定、庄严的感觉。立面上使用半圆形的混合柱式，是罗马现存最早的混合式柱式的例子。凯旋门用白色大理石贴面，檐壁上刻着凯旋时向神灵献祭的行列，券面外刻着飞翔的胜利神，门洞内侧刻着凯旋的仪式。另一个特点是券面上的拱心石凸出很多，且在拱心石上还站着一个神像。整个建筑物造型丰富，比例严谨，表现了统治阶级追求威武权势的性格。

图 4-11 泰塔斯凯旋门

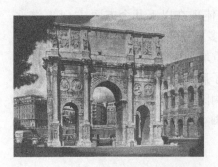

图4-12 君士坦丁凯旋门

君士坦丁凯旋门建于公元315年，是为了纪念君士坦丁大帝击败马克森提皇帝，统一罗马帝国而建的（图4-12）。这是一座三个拱门的凯旋门，高21m，面阔25.7m，进深7.4m。由于它调整了高与面阔的比例，横跨在道路中央，显得形体巨大。凯旋门的里里外外充满了各种浮雕，表面上看去，巨大的凯旋门和丰富的浮雕虽然气派很大，但缺乏整体观念。原因是凯旋门的各个部分并非作为一个统一体而创作的，甚至其中的大部分构件是从过去的一些纪念性建筑，如图拉真广场建筑上的横饰带、哈德良广场上一系列盾形浮雕以及马克·奥尔略皇帝纪念碑上的八块镶板，拆除过来的。尽管如此，它仍不失为一座宏伟壮观的凯旋门，尤其是它上面所保存的罗马帝国各个重要时期的雕刻，是一部生动的罗马雕刻史。

4.3.2 万神庙（The Patheon，Rome，公元120~124年）

它是单一空间、集中式构图的建筑物的代表，也是罗马穹顶技术的最高代表。在现代结构出现以前，它一直是世界上跨度最大的大空间建筑。万神庙平面是圆形的，穹顶直径为43.43m，顶端高度也是43.43m。按照当时的观念，穹顶象征天宇。其中央开一个直径为8.9m的圆洞供采光之用，并寓意神的世界和人的世界的某种联系，有一种宗教的宁谧气息。结构为混凝土浇筑，为了减轻自重，圆形穹窿底部厚度与墙相同，为6.2m，向上则渐薄。厚墙上开有壁龛，龛上有暗券承重，龛内置放神像。神像外部造型简洁，内部空间在圆形洞口射入的光线映影之下宏伟壮观，并带有神秘感，室内装饰华丽，堪称古罗马建筑的珍品。门廊正面有八根科林斯式柱子，高14.15m，底直径为1.51m，柱头为白色大理石，柱身红色花岗石，身上无槽，其山花与柱式比例属罗马式（图4-13~图4-17）。

图4-13 万神庙透视图

图4-14 万神庙鸟瞰图

图 4-15　万神庙内部

图 4-16　万神庙穹顶

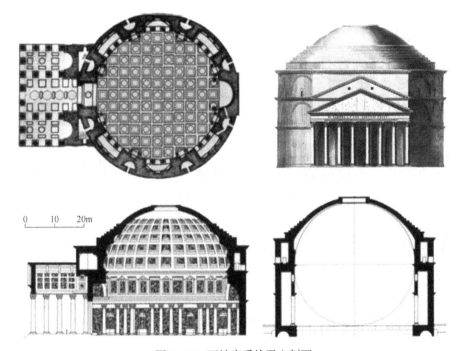

图 4-17　万神庙手绘平立剖面

4.3.3　马采鲁斯剧场（Theatre of Marcellus，公元前 44~公元 13 年）

剧场是古罗马重要的公共建筑，在希腊半圆形露天剧场的基础上，古罗马剧场的功能、结构和艺术形式都有很大的提高。马采鲁斯剧场的观众席最大直径130m，舞台面阔 80~90m，两侧有大厅，可以容纳 1 万到 1.4 万人。化妆室有三层高，座席为半圆形，走道呈放射状。立面构图比较严谨简洁，开间为层高的一半，相当于4个柱径，还保持着梁柱结构的匀称比例。外墙分上下两层，都是券柱式，现在还保留着部分墙壁（图4-18~图4-20）。

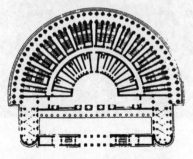

图4-18　马采鲁斯剧场平面图

图4-19　马采鲁斯剧场复原模型

图4-20　马采鲁斯剧场遗址

4.3.4　卡拉卡拉浴场（Thermae of Caracalla，公元211~217年）

浴场是古罗马特有的一种建筑类型，是综合了社交、文娱和健身等活动的场所。公元3世纪时，十字拱和拱券平衡体系的成熟，把古罗马建筑又推进了一步。沐浴的习惯源于东方，传到了罗马后成为上层社会必不可少的享受，仅在古罗马城已发现11座浴场。

卡拉卡拉浴场总体轮廓为375m×363m，中央是可供1600人同时沐浴的主体建筑，周围是花园，最外一圈设置有商店、运动场、演讲厅以及与输水道相连的蓄水槽等。主体建筑为216m×122m的对称建筑物，内设冷、温、热水浴三个部分，每个浴室之外都有更衣室等辅助性用房（图4-21、图4-22）。结构是梁柱与拱券并用，并能按不同的要求选用不同的形式。室内装饰华丽，并设有许多凹室与壁龛。浴场建筑主要特点：结构出色、功能完善、空间丰富。浴场结构是十字拱和拱券平衡体系成熟的代表作，内空间流转贯通丰富多变，建筑功能、结构与造型三者统一，开创了内部空间序列的艺术手法。

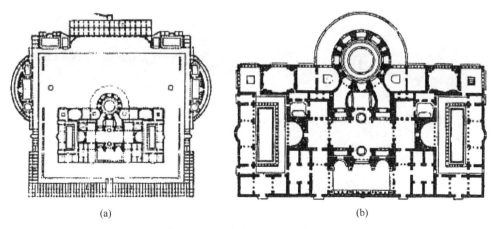

(a)　　　　　　　　　　　　　(b)

图 4-21　卡拉卡拉浴场总平面（a）及主体建筑平面（b）

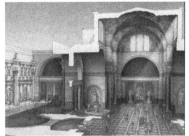

图 4-22　卡拉卡拉浴场内部

4.3.5　罗马大斗兽场（Colosseum，Rome，公元 70~82 年）

　　角斗表演是古罗马节日中不可缺少的节目。公元 80 年左右，古罗马创建了用两个半圆形剧场相对而合成的圆形剧场，以供这种活动之用。位于罗马市中心东南，平面呈椭圆形，长径 189m，短径 156m。内由三大部分组成：中央是表演区（Arena，也叫沙场），长径 87.5m，短径 54.8m；观众席大约有 60 排座位，逐排升起，按观众等级分为五区，底下是服务性地下室，兽栏、角斗士预备室、排水管道等（图 4-23~图 4-26）。

　　斗兽场的看台建在三层混凝土的筒形拱与交叉拱之上，每层 80 个拱，形成三圈不同高度的环形券廊（即拱券支撑起来的走廊），最上层则是实墙。看台逐层向后退，形成阶梯式坡度。每层的 80 个拱形成了 80 个开口，上面两层则有 80 个窗洞，观众们入场时按照自己座位的编号，首先找到自己应从哪个底层拱门入场，然后再沿着楼梯找到自己所在的区域，最后找到自己的位置。整个斗兽场能容纳观众 5 万人，并且因入场设计周到而不会出现拥堵混乱，底层地面有 80 个

图 4-23　罗马大斗兽场鸟瞰复原图

图 4-24　罗马大斗兽场内部复原图

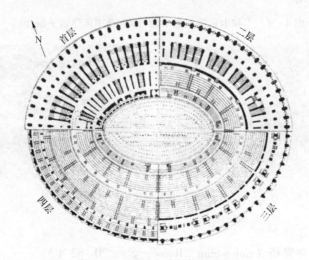

图 4-25　罗马大斗兽场平面图

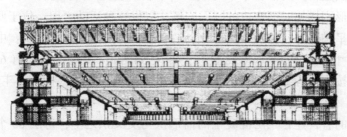

图 4-26　罗马大斗兽场剖面

出入口，可确保在 15min～30min 内把场内 5 万观众全部疏散离场。因为这种入场设计周到而不会出现拥堵混乱，即使是今天的大型体育场依然沿用。斗兽场表演区地底下隐藏着很多洞口和管道，这里可以储存道具和牲畜，以及角斗士，表演开始时再将他们从地底下提升至地面上。斗兽场甚至可以利用输水道引水，公元248 年斗兽场就曾利用输水道将水引入表演区，形成一个小型湖泊，表演海战的场面，来庆祝罗马建城 1000 年。

斗兽场外围墙高 57m，相当于现代 19 层楼房的高度。该建筑为 4 层结构，外部全由大理石包裹，下面 3 层分别有 80 个圆拱，其柱形极具特色，按照多立克式、爱奥尼式和科林斯式的标准顺序排列，第 4 层则以小窗和壁柱装饰。它的结构是真正的杰作，底层平面上结构面积只占六分之一，它在结构、功能和形式上三者和谐统一，雄辩地证明着古罗马建筑所达到的高度，是现代体育场建筑的原型。古罗马人曾经用大角斗场，象征永恒，它是当之无愧的。

4.3.6 城市广场

罗马的广场（Forum）在共和时期与希腊广场（Agora）一样，是市民集会和交易的场所，也是城市的政治活动中心。广场通常没有统一的规划，布局较自由，其内常有一或两座与市政或市民生活有关的庙宇，而且多在周围造一圈两层的柱廊以统一广场面貌（广场上举行角斗的时候，敞廊上层就成了观众席），如罗曼鲁姆广场（Forum of Romanum）（图 4-27）。帝国时期，广场成为帝王实行个人崇拜的场所。其布局严谨对称，主体建筑常是一座用以象征与歌颂皇帝的神庙，广场是封闭的、规划完整的。如凯撒广场（Forum of Caesar，公元前 54 年）、奥古斯都广场（Forum of Augustus，公元前 30 年）、图拉真广场（Forum of Trajan，公元 98~113 年）（图 4-28）。

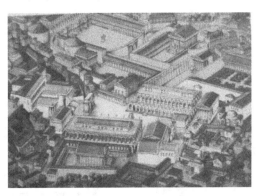

图 4-27　罗曼鲁姆广场

罗马帝制建成以后，罗马皇帝渐渐汲取东方君主国的习俗，建立起一整套繁文缛节来崇奉皇帝。最强有力的古罗马皇帝之一图拉真，几乎要把皇帝崇拜宗教化了，他在奥古斯都广场旁边建造了罗马最宏大的广场（图 4-29）。广场的型制参照了东方君主国建筑的特点，不仅轴线对称，而且作多层纵深布局。平面型制为矩形，轴线对称，在将近 300m 的深度里，作三层纵深空间布局，运用纵横、

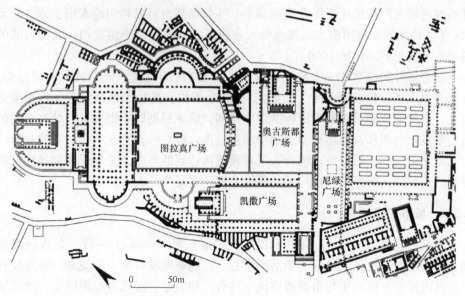

图 4-28　古罗马广场平面图

大小、开阖、明暗交替的手法，不停变换着室内外空间，雕刻和建筑物也交替变化出现。图拉真广场尺度巨大，与图拉真巴西利卡（图4-30）、图书馆以及图拉真神庙沿着一条中轴线组成为一个多层次的整体，有意识地利用这一系列的交替，酝酿建筑艺术高潮的到来。尽端的神庙成为帝王个人崇拜的场所，广场完全符合帝王崇拜的建筑意向表达。至今还耸立在废墟上的图拉真纪功柱，建于公元113 年，它是用 18 块希腊产的大理石砌成的高约 30m 的圆柱，柱直径 3.71m，表面雕刻着罗马帝国征服达契亚战争胜利场面的宏大画卷，雕刻精美，气势恢弘，仅各种人物就有 2500 多个。浮雕按故事情节分，从下往上总长达 200m。

图 4-29　图拉真广场遗址图

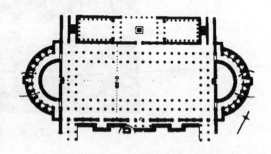

图 4-30　图拉真巴西利卡平面

　　巴西利卡（Basilica）：它是一种综合用作法庭、交易所与会场的大厅性建筑。平面型制一般为长方形，两端或一端有半圆形的龛（Apse）。内部空间的大厅常常被两排或四排柱子纵分为三或五部分。当中部分宽且高，称为中厅

（Nave），两侧部分狭且低，称为侧廊（Aisle），侧廊上面常有夹层。巴西利卡的型制对中世纪的基督教堂与伊斯兰礼拜寺均有影响。

4.3.7 建筑师与建筑著作

维特鲁威（Vitruvius）的《建筑十书》是现存欧洲最完备的建筑专著，书中提出了"坚固、适用、美观"的建筑原则，奠定了欧洲建筑科学的基本体系。

《建筑十书》的体系相当完备，分为十卷：第一卷，建筑师的教育，城市规划与建筑设计的基本原理；第二卷，建筑材料；第三、四卷，庙宇和柱式；第五卷，其他公共建筑物；第六卷，住宅；第七卷，室内装修及壁画；第八卷，供水工程；第九卷，天文学，日晷和水钟；第十卷，机械学和各种机械。

4.4 结 语

（1）"光荣归于希腊，伟大归于罗马"。古罗马的建筑是继承了希腊与西亚等地区的建筑成就，并结合了本民族的特点而发展起来的，它在建设活动、建筑类型、建筑尺度、工程技术、空间组合、构图手法等方面都远远超过了埃及、西亚与希腊，达到了一个新的高峰，对欧洲后来的建筑有很大的影响。

（2）在空间创造方面，古罗马人注重建筑的功能与空间组织，重视空间的层次、体形与组合，建筑外观宏伟壮观，室内装饰富丽辉煌，并使之达到宏伟与纪念性的效果。古罗马的公共浴场把运动场、图书馆、音乐厅、交谊室、商店等组合在一起，成为多功能、综合性的大型公共建筑群，它对 18 世纪以后欧洲大型公共建筑的空间设计产生了极大的影响。

（3）在结构方面，罗马人继承和发展了梁柱与拱券相结合的拱券、拱顶、拱顶体系、穹隆体系。罗马人还在古希腊三种古典柱式的基础上发展出五种柱式，即多立克柱式、爱奥尼克柱式、科林斯柱式、塔司干柱式和混合柱式，并创造了券柱式、叠柱式、巨柱式等建筑构图。

（4）在建筑材料上，除了砖、木、石外，还运用火山灰制成的天然混凝土。在大规模的建筑活动中，混凝土得到广泛和大量的使用，积累了丰富的经验，使拱券结构大为发展，它是古罗马突出的建筑特色与成就。

（5）在理论方面，维特鲁威的著作《建筑十书》理论卓越，资料丰富，整理了希腊建筑的经验并形成了自己的体系。

扫码看本章彩图

5 拜占庭建筑

（公元 395~1453 年）

5.1 建筑的历史分期与背景条件

5.1.1 建筑的历史分期

拜占庭建筑可按其国家的发展分为以下三个时期：

（1）兴盛时期（公元4~6世纪）。该时期主要按古罗马城的样子来建设君士坦丁堡。建筑有城墙、城门、宫殿、广场、输水道与蓄水池等。基督教（返回东方后称为东正教）是其国教，教堂宏大华丽，至公元6世纪出现了以一个大穹窿为中心的圣索菲亚教堂。

（2）中期（公元7~12世纪）。由于外敌相继入侵，国土缩小，没有重大的建筑活动，建筑的规模也都很小，穹顶直径最大的也不超过6m。建筑特点是占地少而向高发展，中央大穹窿没有了，改为几个小穹窿群，并着重于装饰。这时期的教堂外形有改进，完成了集中式的构图，体形远比早期的教堂外形舒展、匀称。在俄罗斯、罗马尼亚、保加利亚和塞尔维亚等正教国家，都流行这种教堂。代表性的有威尼斯的圣马可教堂，俄罗斯的华西里·伯拉仁内教堂、斯巴斯·涅列基扎教堂。

（3）后期（公元13~15世纪）。十字军的东征使拜占庭帝国大受损失。这时建筑活动不多，也没有什么新创造，后来在土耳其人主后大多破损无存。

5.1.2 背景条件

公元4世纪初期，罗马帝国由于奴隶制度危机、国家政权腐败、国内经济破产、反奴隶制斗争迭起与外族趁机入侵等原因，几度濒临灭亡。公元330年，罗马皇帝君士坦丁迁都到帝国东部的拜占庭（Byzantium），命名为君士坦丁堡，目的是想利用东方的财富与相对稳定的奴隶制度来挽救罗马帝国的危机。公元395年，罗马帝国分裂为东西两个帝国。大体上意大利及其以西为西罗马，建都罗马城；以东为东罗马，建都君士坦丁堡，后发展为拜占庭。公元479年，西罗马被一些落后的民族灭亡，西欧混乱一团，形成封建制度，分裂为许多小国。东罗马从 4 世纪开始封建化，5、6 世纪是鼎盛时期。7 世纪开始衰落，到 1453 年被土耳其人灭亡。在此期间，古罗马光辉的文化和卓越的艺术成就，在战火焚劫之后，大多被遗忘。从西罗马帝国灭亡（5 世纪）以后到文艺复兴（14 世纪）资本主义制度的萌芽，这将近一千年的欧洲封建时期称为中世纪。

拜占庭地处欧亚大陆交接处，是黑海与地中海间水路的必经之路，又是欧洲和亚洲陆路运输的中心。地理上的优势及欧洲经济重心东移的经济繁荣，使拜占庭成为罗马帝国扩张的中心，5~6 世纪时期的拜占庭帝国达到极盛，它的辽阔版图环地中海，以巴尔干半岛（原希腊本土）为中心，包括小亚细亚（土耳其一带）、西亚（叙利亚、巴勒斯坦）、北非（埃及）和意大利及地中海的部分岛屿。7 世纪以后，由于外敌相继入侵，国土缩小，版图仅剩巴尔干和小亚细亚地区。拜占庭帝国延续长达一千年，它是欧洲历史上最悠久的君主制国家。

5.2 建筑的一般特征

5.2.1 建筑材料

无良好石料，有砖、粗石、石灰等建筑材料，大理石由地中海东岸各地输入。建筑材料是以黏土砖为主，主要部位使用石材和少量天然混凝土，用彩色云石玻璃砖镶嵌和彩色面砖来装饰建筑。

5.2.2 结构技术

结构技术主要是帆拱的运用（图 5-1），特别是在拱、券、穹窿方面，小料厚缝的砌筑方法使它们形式灵活多样。拜占庭建筑的主要成就是创造了把穹顶支撑在 4 个或者更多的独立支柱上的结构方法，解决了方形或多边形平面上覆盖穹顶的承接过渡问题。穹顶向各个方面都有侧推力，为了抵抗之，早期在四面各做半个穹顶扣在 4 个发券上，相应形成了四瓣式平面，有时架在 8 根或者 16 根柱子上，侧推力通过一圈筒形拱传到外面的承重墙上，于是形成带环廊的集中式教堂，环廊将整个教堂的结构联系成一个整体。

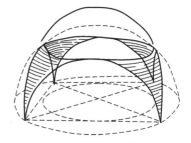

图 5-1 帆拱与穹顶示意图

古罗马穹顶的一种地域性的变异诠释如图 5-2 所示。（1）四个角支起顶部的帆状穹顶；（2）帆拱之上再建一个小半圆穹顶；（3）在顶部的小半圆穹顶和帆拱之间加一个八棱柱状鼓座；（4）在顶部的小半圆穹顶和帆拱之间加一个圆筒形鼓座。

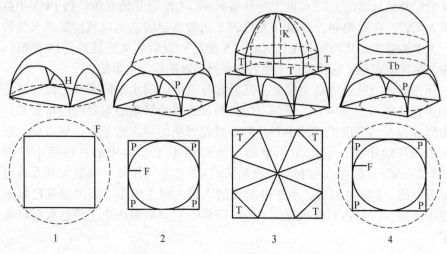

图 5-2　穹顶变异诠释图（自绘）

拜占庭人在罗马混凝土穹窿顶的技术基础上，有了进一步的发展，并具有自己的特色。拜占庭的穹顶主要有三种形式：一种是简式的，即穹顶与帆拱是同一个球面；一种是复式的，即帆拱与穹顶不属于同一个球面，而是顶子的弧线转折上耸，或加鼓座；还有一种是瓜形的，即将穹顶分为许多双曲面的瓣。除了混凝土之外，也常用一种长方形的大砖或轻石来砌穹顶，甚至用陶罐连续起来砌筑，使穹顶重量减轻。墙壁是混凝土的，外面贴面砖而不抹灰，仅靠各种砌工来美化，有时做成带状的装饰。

5.2.3　空间组织

拜占庭建筑空间特征是利用小亚细亚的经验所创造的新的集中式教堂。它采用立在独立支柱上的穹窿顶覆盖较大的空间，当有一组这样的穹窿集合在一起时，它们所覆盖的空间就形成宽阔的、多变化的、看起来好像是无穷尽的空间。它之所以能把穹窿顶立在独立的支柱上，是因为他们使用了帆拱。拜占庭建筑常常使用成组在一起的几个穹窿顶，其中间一个成为主要的，并把它特别抬高。这样，一方面更丰富了内部空间，另一方面又可以使外部体积构图有中心，无论从构图上或技术上看都更有组织逻辑性。

5.2.4　平面格局

教堂的平面在巴西利卡的基础上发展为十字形平面，即教堂的中央穹顶和它四面的筒形拱成等臂的十字，得名为希腊十字式。在集中式教堂中，已经可以看到希腊十字形平面的雏形。经过几个世纪的发展过后，从9世纪起，希腊十字形平面的教堂成了拜占庭教堂最普遍的型制，它使教堂的内部空间得以最大限度地扩大。因为在基督教以前的古代宗教，仪式是在庙宇外举行的，那时候的庙宇不需要巨大的室内空间，而基督教的仪式则是在教堂内部举行的。教堂大致有三种：巴西利卡式；集中式（平面圆形或多边形，中央有穹窿）；十字式（平面十字形，中央有穹窿，有时四翼上也有）。

5.2.5 建筑外观

拜占庭境内大部分地区气候干燥。罗马人考虑了东方的气候特点，采用窗户狭小、庭院四周有游廊的建筑。建筑外观完全采用当地传统的式样，既不用柱式，也不用柱廊，只有厚厚的墙和不大的窗子，所以建筑外观总体缺乏表现力。强盛的拜占庭衰落以后，就没有重大的建筑活动，各地教堂的规模都很小，但这些小教堂的外形开始有了改进，穹顶逐渐饱满起来，放在鼓座之上，统率整体而成为中心，真正形成了垂直轴线，完成了集中式构图。外墙面的处理也精致了，用壁柱、券、精致的线脚和图案等作装饰。

5.2.6 内部装饰

拜占庭建筑首先着眼于内部空间的组织，与朴素的外观相比，是它豪华富丽的内部装饰。彩色大理石被用来贴在室内墙面，或在地面上拼镶花纹，拱券和穹顶面因不便贴大理石，就用马赛克或粉画装饰。拜占庭建筑中的镶嵌画达到极高的水平，马赛克是用半透明的小块彩色玻璃镶成的。为保持大面积色调的统一，在玻璃马赛克的后面先铺一层底色，最初为蓝色，后来多用金箔做底，整个镶嵌画统一在金黄的色调中，闪烁放光，使教堂内部具有高贵的格调。柱子与传统的希腊柱式不同，具有拜占庭独特的特点，柱头呈倒方锥形，刻有植物或动物图案，多为忍冬草。

5.3　代表实例

5.3.1　圣索菲亚大教堂（S. Sophia，Constantinople，公元532~537年）

圣索菲亚大教堂是东正教的中心教堂，是拜占庭建筑最光辉的代表，是拜占庭帝国极盛时代的纪念碑。圣索菲亚教堂是集中式的，东西长77.0m，南北长

71.0m，布局属于穹顶覆盖的巴西利卡式，中央穹顶突出，四面体量相仿，但有侧重，前面有一个大院子。

圣索菲亚教堂第一个重要特点是结构关系明确，层次井然（图5-3～图5-6）。它的正中是一个直径约32.6m的大穹顶，离地54.8m。中央穹顶的侧推力在东西两面，由比它矮的半穹顶扣在大券上抵挡，而这两个半穹顶又各有两个更小的半穹顶来抵抗横推力。中央大穹顶的左右两侧的横推力，由四片很深的厚墙抵抗侧推力。这四片厚墙连接着中央的四个墩子，墩子经由帆拱承托着大穹窿顶。顶子内部是用骨架券作为主要负荷构件，再铺以石板做成。

教堂的第二个特点就是它的集中统一而又曲折多变的内部空间（图5-7）。空间布局是东西向纵深展开，以三个大穹顶覆盖，主入口有两道门庭，末端有半圆神龛。大穹窿覆盖着主要的内部空间，这个空间与前后的半穹窿及更小的半穹窿顶所覆盖的空间融合为一个更大的空间，东西两侧逐个缩小的半穹顶造成了步步扩大的空间层次，增大了纵深的空间，同时又有明确的向心性，集中统一，比较适合宗教仪式的需要。中央穹顶下的空间同南北两侧是明确划分的，而同东西两侧半穹顶下的空间则是完全连续的。南北两侧的空间透过柱廊同中央部分相通，它们内部又有柱廊做划分。底层中厅的连券廊有5个开间，展廊有7个开间，高侧窗有7扇；在两端半开敞式建筑或者又叫半圆龛的地方，底层有3个开间，上面的展廊有7个开间，连券廊使建筑空间形成了一种三、五、七的韵律节奏。穹顶之下，与柱廊之间，空间前后上下相互渗透，使教堂内部空间丰富多变。穹顶底脚每两肋之间都有窗子，穹顶底部一圈密排着40个窗洞，将光线引入教堂，使穹顶宛如飘浮在空中，空阔大厅显得非常飘渺。

教堂的第三个特点是外观朴素而室内部装饰非常华丽（图5-8～图5-11）。教堂的外墙很朴素，无装饰，是用陶砖砌成的，灰浆很厚。墩子的下部用石块砌筑，具有早期拜占庭建筑的特点。现存的外观是经土耳其人作为清真寺后改变的，在四角加建了挺拔高耸的光塔，为其沉重的外观增加了表现力。室内色彩斑斓，穹顶和拱顶全部使用饰有金底的彩色玻璃镶嵌，做成的使徒、天使、圣者像闪烁发光，墩座和墙体使用彩色斑斓的大理石贴面；中央大厅两侧的柱子是深绿色的，布道室的柱子是深红色的，柱头一律用白色大理石，镶着金箔；柱头、柱础和柱身的交界线都是包金的铜箍。连券廊上的柱头是立方形的，由一个立方体和一个半球互相穿插所组成的柱头，带有爱奥尼式风格的小涡旋形角饰，以及雕刻极深的程式化叶形装饰。教坛上镶有象牙、银和玉石，大主教的宝座以纯银制成，祭坛上悬挂着丝与金银混织的窗帘，上有皇帝和皇后接受基督和玛利亚祝福的画像。教堂内部灿烂夺目的色彩效果，使空间充满了天堂的景象，令人目不暇接。

图5-3　圣索菲亚大教堂外观图

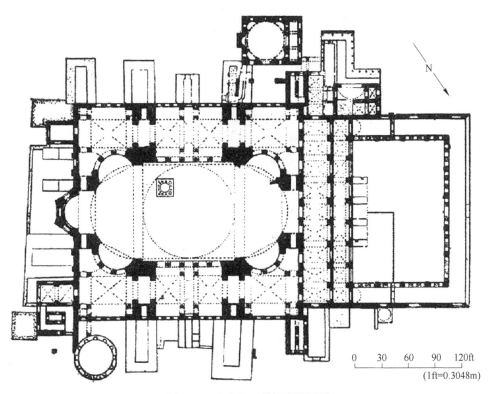

图5-4　圣索菲亚大教堂平面图

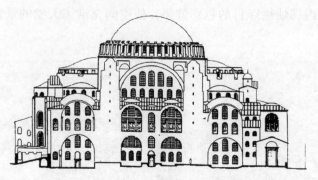

图 5-5　圣索菲亚大教堂立面图

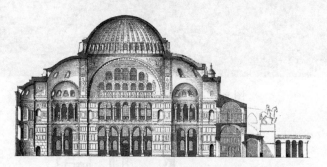

图 5-6　圣索菲亚大教堂剖面图

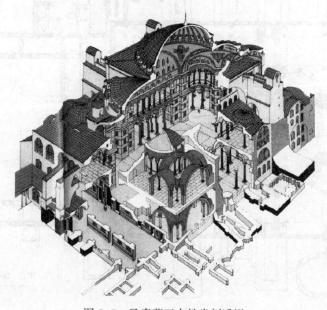

图 5-7　圣索菲亚大教堂剖透视

图 5-8　圣索菲亚大教堂内部空间之一　　　　图 5-9　圣索菲亚大教堂内部空间之二

图 5-10　圣索菲亚大教堂内部镶嵌画　　　　图 5-11　圣索菲亚大教堂柱头装饰

5.3.2　威尼斯圣马可教堂（San Marco，Venice，公元 1042~1085 年）

　　圣马可教堂矗立于威尼斯市中心的圣马可广场上，是为纪念耶稣十二圣徒和收藏战利品而建的，始建于公元 9 世纪，其后遭遇大火，历经修复成现今的规模。威尼斯人为了摆脱罗马教皇的统治，接受了支持他们独立运动的拜占庭帝国的建筑风格，是拜占庭建筑风格在西方的典型实例。它曾是中世纪欧洲最大的教堂，是威尼斯建筑艺术的经典之作，它同时也是一座收藏丰富艺术品的宝库。圣马可教堂融合了东、西方的建筑特色，从外观上来欣赏，它的 5 个穹顶仿自土耳其伊斯坦堡的圣索菲亚大教堂，结构上有着典型的拜占庭风格，采用的帆拱的构造，正面的华丽装饰是源自巴洛克的风格，整座教堂的平面呈现出希腊式的集中十字，是东罗马后期的典型教堂型制（图 5-12~图 5-14）。

图 5-12　圣马可教堂外观图

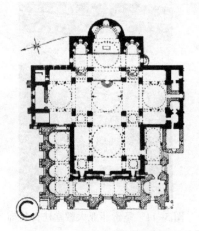

图 5-13　圣马可教堂平面图

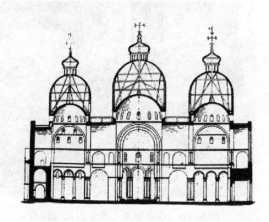

图 5-14　圣马可教堂剖面图

在希腊十字式布局平面上，它的交叉部和四端的 5 个穹顶中，中央与前面的较大，直径为 12.8m，其余三个稍小一点。穹顶由柱墩通过帆拱架起，底部有一列小窗。为了使穹窿外形高耸，在原结构上面加建了一层鼓身较高的木结构穹顶。教堂的内部空间，由 5 个被穹顶所覆盖的空间融合为统一的空间，内部空间以中央穹顶下部为中心，穹顶之间用筒形拱连接，使室内构图呈现更多变化。室内装饰十分华美，内墙彩色云石贴面，拱顶及穹顶的表面均饰有金底彩色的圣经故事和使徒行迹镶嵌画。外貌最初很朴素，并有些沉重，后来经过历年的改建，逐渐趋向于华丽。今所见的穹顶端的冠冕式塔顶、尖塔、壁龛等都是 12～15 世纪期间后加建的，成为融拜占庭式、哥特式、伊斯兰式、文艺复兴式各种流派于一体的综合艺术杰作。教堂正面长 51.8m，有 5 座棱拱形罗马式大门。顶部有东方式与哥特式尖塔及各种大理石塑像、浮雕与花形图案（图 5-15～图 5-18）。

图 5-15　圣马可教堂立面图

图 5-16　圣马可教堂室内图

图 5-17　圣马可教堂鸟瞰图

图 5-18　圣马可教堂小穹顶

5.4　结　语

（1）拜占庭建筑汇集了罗马建筑的经验与东方建筑的手法，是古西亚的砖石拱券、古希腊的古典柱式和古罗马的宏大规模的别具特色的综合，发展了自己独特的建筑风格。在穹窿顶结构方面、复杂的内部空间和构图方面都有显著的成就。

（2）拜占庭建筑以教堂为重点。教堂外形简朴，内部复杂，并有浓厚的地方特色。结构都采用拱券系统，特别是习惯用帆拱解决方形平面或多边形平面上覆盖圆顶的做法，创造了把穹顶支撑在四个或更多的独立支柱上的结构做法和相应的集中式建筑型制。这种型制主要在教堂建筑中发展成熟，集中式建筑型制的决定因素是穹顶，在穹顶统率下并创造出灵活多变的建筑空间。

（3）室内常用彩色云石玻璃砖镶嵌和彩色面砖来装饰，窗子多为集合式的，它不仅成为内部采光的主要途径，而且起着烘托宗教气氛的作用。特别是在拱、券、穹顶方面，小料厚缝的砌筑方法使它们形式灵活多样。

（4）拜占庭建筑对意大利文艺复兴建筑与俄罗斯建筑都有过一定的影响，对欧洲纪念性建筑发展做出了巨大贡献。当阿拉伯人建立伊斯兰教国家之后，直接从拜占庭学到许多建筑经验，这些经验成为伊斯兰教建筑风格的重要组成部分。

扫码看本章彩图

6 欧洲中世纪建筑

(公元 4~15 世纪)

6.1 建筑的历史分期与背景条件

6.1.1 建筑的历史分期

欧洲中世纪建筑按其历史的发展可分为以下三个时期：

（1）早期基督教建筑（公元4~9世纪）。早期基督教建筑是与拜占庭建筑同时发展起来的。早期基督教建筑包括迁都之后帝国西部（公元330年罗马皇帝君士坦丁迁都拜占庭）、分裂后的西罗马帝国（公元395年罗马帝国分裂为东西两个帝国），以及公元479年西罗马帝国灭亡后长达三百余年的西欧封建混战时期的建筑。基督教早在古罗马帝国晚期就已经盛行，在中世纪分为两大宗教，西欧是天主教，东欧是东正教。天主教的首都在罗马，东正教的首都在君士坦丁堡。宗教世界观统治一切，《圣经》成了最高的权威。

这一时期的建筑类型主要是基督教堂，故称为早期基督教建筑。早期教堂的建筑者主要是修道士，教堂不讲求装饰，也不讲求比例，反对偶像崇拜，连耶稣基督的雕像都没有。墙垣和支柱十分厚重，砌筑很粗糙，沉重封闭，毫无生气，这时期遗留下来的建筑实物极少。

（2）罗马风建筑（公元9~12世纪）。公元9世纪左右，一度统一后的西欧又分裂为法兰西、德意志、意大利和英格兰等十几个国家，并正式进入封建社会。这时的经济属自然经济，社会秩序比较稳定，于是，具有各民族特色的文化在各国发展起来。这时的建筑除基督教堂外，还有封建城堡与教会修道院等。其规模远不及古罗马建筑，设计施工也较粗糙，但建筑材料大多来自古罗马废墟，建筑艺术上继承了古罗马的半圆形拱券结构，形式上又略有古罗马的风格，故称为罗马风建筑。它所创造的扶壁、肋骨拱与束柱，在结构与形式上，都对后来的建筑影响很大。

（3）哥特式建筑（公元12~15世纪）。罗马风建筑的进一步发展，就是12~15世纪西欧以法国为中心的哥特式建筑。哥特式建筑起源于11世纪下半叶的法国，15世纪的文艺复兴运动反对封建神权，提倡复活古罗马文化，把当时的建筑风格称为"哥特"，以表示对它的否定，因为哥特人（Goths，200~714年）是参加覆灭罗马奴隶制的欧洲日耳曼蛮族的一支。

哥特式建筑是指欧洲封建城市经济占主导地位时期的建筑。公元10世纪以后，随着手工业与农业的分离和商业的逐渐活跃，在一些交通要道、关隘、渡口及教堂或城堡附近，逐渐形成了许多手工业工人与商人聚集起来的城市，到12世纪大多通过赎买或武装斗争，从封建领主或教会手中取得了不同程度的自治权。这时期的建筑仍以教堂为主，但反映城市经济特点的城市广场、市政厅、手工业行会、商人公会等也有不少出现，市民住宅也大有发展。建筑风格完全脱离了古罗马的影响，而是以尖券（来自东方）、尖形肋骨拱顶、坡度很大的两坡屋面和教堂中的钟楼、扶壁、束柱、花空楞等为其特点。

6.1.2　背景条件

早期基督教教堂式样大致有三种类型：巴西利卡式、集中式、拉丁十字式。早期巴西利卡式教堂最多，因为多半是利用罗马原有的建筑遗物。巴西利卡式原是古罗马时期司法和行政建筑的一种形制，后来成为基督教教堂的一般模式，其特点是一个长方形的大厅，被纵向的几排柱子分为长条形的高而宽的中厅和窄而低的侧廊空间，中厅两侧用高窗采光，大门设在西端，圣坛呈半圆形，设在大厅东端。典型的例子如罗马的圣彼得老教堂（原建于公元333年，16世纪拆除后重建）、罗马圣保罗教堂（原建于公元380年，19世纪被毁后重建）、罗马圣克里门教堂（原建于4世纪，1084~1108年重建）等。其中圣彼得老教堂以巴西利卡式为主，已带有拉丁十字形平面形制的一道横向空间，同时在东面入口部分增加了一个前庭，在中央设洗礼池（图6-1~图6-3）。这时期建筑物的材料是互相拼凑的，内部柱子往往各不相同，地面做碎锦石铺地，但屋顶已不用拱顶而大多是采用木屋架的露明构造，墙面上也多用大理石镶嵌，装饰的重点是在圣坛的穹顶下，将基督或圣徒像衬以金色背景，十分醒目。初期基督教教堂型制对后来有很大影响，是后来中世纪基督教堂的原型。

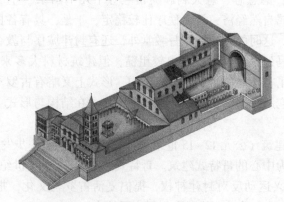

图6-1　圣彼得老教堂外观复原图

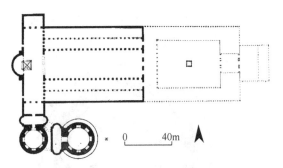

图 6-2 圣彼得老教堂平面图

图 6-3 圣彼得老教堂剖面图

集中式教堂，它的布局不像巴西利卡式那样主要是一个长方形的大厅，而是一个圆形大厅。中央部分是一个大的穹窿，周围是一圈回廊。因早期的教堂有一些不是为了聚众讲道，而是为了瞻仰圣徒的遗物而建，这种教堂大多采用这样的集中式布局。例如罗马的圣科斯坦沙教堂（St. Costanza，公元 330 年），原为君士坦丁的女儿之墓，1254 年被改为教堂（图 6-4～图 6-6）。教堂的式样是典型

图 6-4 圣科斯坦沙教堂立面图

集中式，中央穹顶的跨度约为 12.2m，穹顶由 12 对双柱所支撑，穹顶被屋顶盖住，周围是一圈筒形拱顶回廊，室内饰有彩色云石镶嵌。

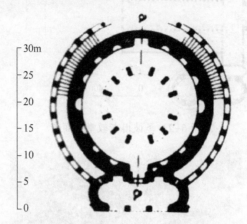

图 6-5　圣科斯坦沙教堂平面图

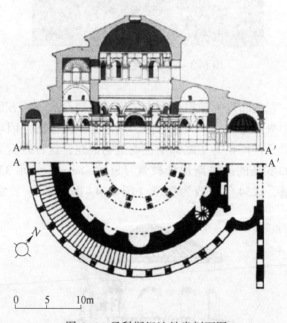

图 6-6　圣科斯坦沙教堂剖面图

　　拉丁十字式，它的布局是在巴西利卡式教堂的祭坛前，增加一道横向的空间（大一些的也分中厅和侧廊，高宽均与侧廊相等），形成一个竖长横短的十字形平面，故称为拉丁十字式。例如圣彼得老教堂已带有拉丁十字形平面型制的特点，是巴西利卡的世俗空间向拉丁十字宗教空间演变的开始。

6.2 建筑的一般特征

6.2.1 罗马风建筑特征

罗马风建筑承袭早期基督教建筑，平面为拉丁十字，西面有一、二座钟楼。为减轻建筑形体的封闭沉重感，除钟塔、采光塔、圣坛和小礼拜室等形成变化的体量轮廓外，采用古罗马建筑的一些传统做法如半圆拱、十字拱等或简化的柱式和装饰。其墙体巨大而厚实，墙面除露出扶壁外，在檐下、腰线用连续小券，门窗洞口用同心多层小圆券，窗口窄小，朴素的中厅与华丽的圣坛形成对比，中厅与侧廊有较大的空间变化，内部空间阴暗，有神秘气氛。罗马风建筑后期，随着城市手工业、商业的兴起，出现了由世俗工匠建造的城市教堂，表现出追求感性美的强烈愿望。教堂内的装饰逐渐增多，追求构图完整统一，教堂的整体和局部的匀称和谐等也大有进步，砌工相当精致。

例如卡昂的圣埃提安教堂（St. Etienne, Abbaye-aux-Hommes, 1068~1115 年），是法兰西北部罗马风教堂之一（图 6-7~图 6-10）。教堂入口在西面，两旁有一对高耸的钟楼，正面的墩柱使立面有明显的垂直线条，室内的中厅很高，上面采用半圆形的肋骨六分拱。这种使承重与间隔部分各有分工的结构，既减轻了拱顶重量，也缩小了墩柱断面，使外观较轻巧。另外，在圣坛外面还出现了早期的飞扶壁。以上特点是后来的哥特式建筑的先声。

图 6-7 圣埃提安教堂立面图

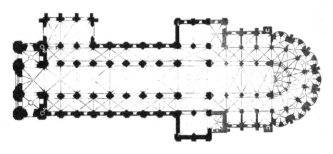

图 6-8 圣埃提安教堂平面图

图 6-9　圣埃提安教堂室内图

图 6-10　圣埃提安教堂外观图

6.2.2　哥特式建筑特征

建筑入口选择圣地西侧为入口，向东行进。平面为拉丁十字，中厅一般窄而长、瘦而高，两侧厅高度较低，近乎中厅的一半，且支柱间距不大，导向天堂和祭坛的动势很强。拱顶尖尖的骨架券从柱墩上散射出来，表现一种向上升腾的强烈动势。尖券、肋拱和飞扶壁结构是哥特式建筑的必要元素，它们导致建筑主体的垂直性被增强，墙体被减弱。这些构件不仅起到装饰作用，而且是结构重量平衡中不可或缺的一部分（图 6-11、图 6-12）。例如，位于外部扶壁顶上的小尖塔，不只是装饰物，还是抵抗中厅推力的重量平衡构件。此外，整个结构体系条理井然，各个构件分明，表现着严谨的荷载传导关系，也表现着对客观存在规律的明确的认识和科学的理性精神。

建筑入口西立面是造型设计的重点，通常采用对称模式。一对塔夹着中厅的山墙，将西立面垂直地分为三部分。檐头上的横向栏杆、大门洞上横向安置的犹太和以色列诸王的雕像的龛，把垂直三部分横向联系起来。中央部分，栏杆和龛之间，是圆形的玫瑰窗，象征天堂。3 座透视门洞，周圈都有几层线脚，线脚上刻着成串的圣像。外部装饰特征与内部相同，都由垂直线条统贯，一切造型部位和装饰细部都以尖拱、尖券、尖顶为合

图 6-11　飞扶壁

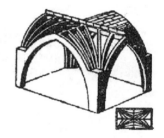

图 6-12 尖券肋骨拱

成要素，立面越往上划分越为细巧，形体和装饰越发玲珑。建筑窗户几乎占满支柱之间的整个面积，而支柱又全由垂直线组成，筋骨嶙峋，几乎没有墙面。依附于建筑的雕塑都是线性的，受到拜占庭教堂的玻璃马赛克的启发，工匠们在整个窗子上用彩色玻璃镶嵌一幅幅图画。法国哥特式教堂的代表作品是巴黎圣母院、兰斯主教堂、夏尔特尔主教堂。

与法国哥特式教堂相比较，德国的哥特式教堂垂直线条更加密集而突出，故外观更为俊俏清冷，代表作品如科隆主教堂。此外，英国的哥特式教堂相对较为舒缓，水平线条较多，常常设有钟塔，代表作品有索尔兹伯里主教堂和坎特伯雷主教堂。西班牙哥特式教堂大量渗入了伊斯兰建筑的手法，形成一种称为穆达迦的特殊风格，其特点是使用马蹄形券、镂空的石窗棂、大面积的几何图案或其他花纹，代表作品有格斯主教堂和督莱多主教堂。至于意大利的哥特式教堂则受传统影响趋于保守，西立面没有明显的钟塔，垂直感不强，代表作品有米兰主教堂。

6.3 代表实例

6.3.1 意大利比萨主教堂、钟塔与洗礼堂（Cathedral，Campanile and Baptistery，Pisa，公元 1063~1272 年）

它是为纪念 1062 年比萨王国打败阿拉伯人，收复西西里首府巴勒莫而建设的，意大利罗马风建筑的主要代表。它是由主教堂（公元 1063~1118 年）、洗礼堂（公元 1153~1265 年）和钟塔（公元 1174~1271 年）组成的一组杰出建筑群（图 6-13~图 6-16）。洗礼堂位于教堂前面，与教堂处于同一条中轴线上；钟塔在教堂的东南侧，其形状与洗礼堂不同，但体量正好与它平衡。三座建筑虽然形体各不相同，由于其构图手法一致，三座建筑的外墙都是用白色与红色相间的云石砌成，墙面饰有同样的层叠的半圆形连列券，所以整体建筑风格和谐而统一。

图 6-13 比萨主教堂

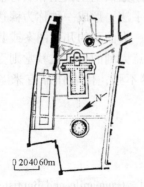

图 6-14 比萨主教堂总平面   图 6-15 比萨洗礼堂   图 6-16 比萨钟塔

主教堂属于拉丁十字式，全长 95m，有四排柱子，平面主厅为巴西利卡五廊式，在十字交叉处有一椭圆形的穹顶。中厅用木桁架，侧廊用十字拱，正面高约 32m，有四层空券廊作装饰，形体和光影都有丰富的变化。纵深 100m 的内部用白、黑的条文图案装饰，壮观而明朗，显出东方文化的痕迹（图 6-17～图 6-20）。

洗礼堂位于教堂前面，与教堂处于同一条中轴线上，平面呈圆形，洗礼堂直径约 39.3m，上半部在 13 世纪时被加上哥特式的三角形山花与尖形装饰。

钟塔即为享誉世界的比萨斜塔，在教堂东南 20 多米处，圆形，高约 55m，直径约 16m，高 8 层，中间 6 层围着空券廊。后来，由于基础不均匀沉降，塔身开始逐年倾斜，从顶的垂悬直线距底脚 4m 多，故有斜塔之称。由于结构的合理性和设计施工的高超技艺，塔体本身并未遭到破坏，并一直流传至今，历时近千年。

图 6-17　比萨主教堂内部细节之一

图 6-18　比萨主教堂内部细节之二

图 6-19　比萨主教堂内部细节之三

图 6-20　比萨主教堂内部细节之四

6.3.2　巴黎圣母教堂（Cathedrale Notre Dame, Paris, 公元 1163～1250 年）

巴黎圣母教堂又称巴黎圣母院，是一座位于法国巴黎市中心、西堤岛上的教堂建筑，也是天主教巴黎总教区的主教座堂，法国早期哥特式教堂的典型实例（图 6-21～图 6-24）。入口西向，前面广场是市民的市集与节日活动中心。教堂平面宽约 47m，深约 125m，可容近万人。东端有半圆形通廊，中厅高约 35m，侧廊高约 9m。结构用柱墩承重，柱子做成束柱式，之间可以全部开窗，并有尖券六分拱顶，以飞扶壁抵抗中厅结构产生的侧推力（图 6-25）。正面是一对高 60 余米的塔楼，粗壮的墩子把立面纵分为三段，两条水平向的雕饰又把三段联系起来。正中的玫瑰窗（直径约为 13m）、两侧的尖券形窗、到处可见的垂直线条与小尖塔装饰都是哥特式建筑的特色。特别是当中高达90m的尖塔与前面的那对塔楼,使远近市民在狭窄的城市街道上举目可见(图6-26~图6-29)。

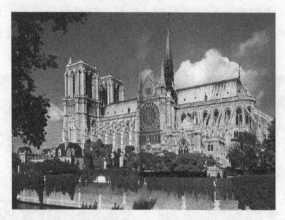

图 6-21   从塞纳河近观巴黎圣母院

图 6-22   巴黎圣母院背影远眺

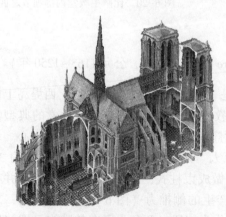

图 6-23   巴黎圣母院剖透视

图 6-24   巴黎圣母院立面图

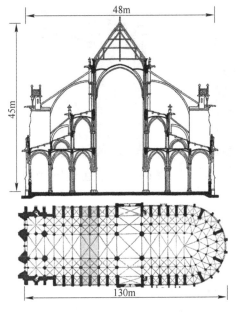

图 6-25　巴黎圣母院平面图、剖面图

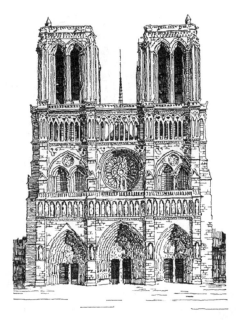

图 6-26　巴黎圣母院立面手绘图

图 6-27　飞扶壁

图 6-28　透视门

图 6-29　玫瑰窗

6.3.3　兰斯主教堂（Reims Cathedral，公元 1211～1290 年）

兰斯主教堂原是法国国王的加冕教堂，造型华丽，形体匀称，装饰纤巧细致，石雕玲珑剔透，是法国哥特式教堂中最精致的一座（图 6-30、图 6-31）。中厅宽 15m，高度为 43m，比圣母教堂还高 10m，是典型的法国盛期哥特式建筑的代表。由于起伏交错的尖形肋骨交叉拱，把柱墩造成束柱的样子，从厅内看上去，比实际的还要高（图 6-32、图 6-33）。

盛期哥特式建筑立面的发展，可以追溯到对哥特式建筑垂直性与透明感的强

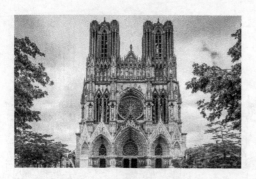

图 6-30 兰斯主教堂立面图

图 6-31 兰斯主教堂外观图

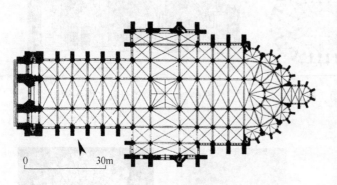

图 6-32 兰斯主教堂平面图

图 6-33 兰斯主教堂剖面图

调。兰斯主教堂只比巴黎圣母院晚建不到 50 年，兰斯主教堂是法国国王的加冕地，而巴黎是王宫所在地，它们之间关系紧密。两座教堂具有许多共同特征，例如宽阔的耳堂都只是略微突出于教堂主体，但它们的整体面貌建造得极其不同。兰斯主教堂西立面的大门并非像巴黎圣母院那样凹入墙体，而是凸出于墙外，入口上方的半月楣也为窗户所取代。巴黎圣母院西立面的国王雕像群，在其一层与二层之间呈水平带状分布，而在此处却被提升到第三层，使得雕像与这一层的连拱融为一体（图 6-34、图 6-35）。

除玫瑰窗之外，每一细部较之以往都更高更瘦。为数众多的小尖塔加强了无穷尽的向上运动趋势。此处的雕刻装饰前所未有的奢华，它们不再仅仅设在确定区域之内，而是扩展到众多新位置，不仅包括建筑的西立面，而且还涵盖了它的两侧，教堂外部整体布满雕像装饰。教堂大门正面的北侧有一尊名为"微笑天使"的雕像，由于雕像神情甜美，造型极为生动，现今已经成为兰斯城的象征，被称为"兰斯的微笑"。

图 6-34　画家 Domenico Quaglio（1787~1837 年）笔下 19 世纪初的兰斯主教堂

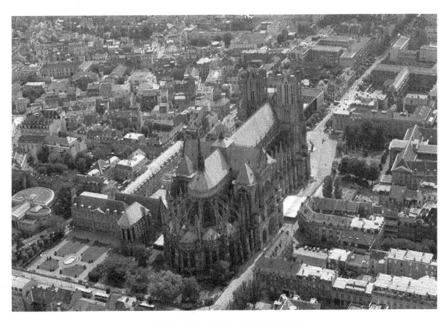

图 6-35　兰斯主教堂鸟瞰图

6.3.4　夏尔特尔主教堂（Chartres Cathedral，公元 1140～1260 年）

夏尔特尔主教堂位于夏特城，是法国天主教堂。其是早期法国哥特式建筑的典范（图 6-36～图 6-38），始建于 1140 年，约 1170 年竣工，但 1194 年毁于火灾，仅存西部正面部分。在此基础上教堂主体于公元 1194～1260 年得以重建。大堂长约 130m，正厅宽约 32m，中部堂顶高约 37m（图 6-39）。西面两座塔楼不同于巴黎圣母院与兰斯主教堂，而是尖塔形的，并且形式各异，两座塔楼兴建的时间相隔几百年。代表早期哥特式风格的南塔，简单的八角形尖塔，建于 13 世纪初，南塔高 106m，而装饰华美的北塔直到 1507～1514 年才最终建成，北塔则高达 115m。

最有代表特点的建筑图式玫瑰窗，建于公元 1194～1221 年，教堂共有 176 个彩色玻璃花窗，阳光射入会构成以红、蓝为主的绚丽色彩，并在堂内造成一种与其信仰及礼仪形式极为协调的神秘气氛（图 6-40）。其图样多年来从车轮变成玫瑰花，再从玫瑰花变成火焰，装饰风格已经随着曲线花窗格变得更为繁复华丽。夏尔特尔主教堂的雕塑艺术盖世无双。它的罗马风格的西门和门上的雕刻都出自当时最好的工匠之手，教堂两个侧面上的雕像约有 4000 余个，反映了一个世纪雕刻艺术的演进。

图 6-36　夏尔特尔主教堂远眺图

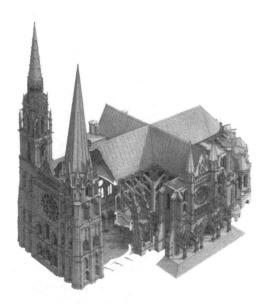

图 6-37 夏尔特尔主教堂剖透视

图 6-38 夏尔特尔主教堂立面图

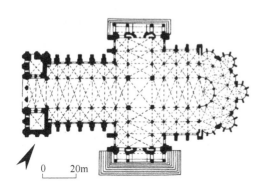

图 6-39 夏尔特尔主教堂平面图

图 6-40 夏尔特尔主教堂立面图

6.3.5 科隆主教堂 （Cologne Cathedral，公元 1248~1880 年）

科隆主教堂是位于科隆市中心的一座天主教主教堂，是科隆市的标志性建筑物（图 6-41、图 6-42）。科隆主教堂是欧洲北部最大的教堂，它以法国兰斯主教堂和亚眠主教堂为范本，是德国第一座完全按照法国哥特盛期样式建造的教堂。始建于 1248 年，几经波折 1880 年最后完成，总计建造时间超过 600 年，集宏伟与细腻于一身。科隆主教堂是欧洲基督教权威的象征，是哥特式宗教建筑艺术的典范。

图 6-41　科隆主教堂外观图

图 6-42　科隆主教堂立面图

教堂西面是两座与门墙连砌在一起的双尖塔，南塔高 157.31m，北塔高 157.38m，体态硕大。它平面呈拉丁十字形，长约 143m，宽约 86m，中厅宽 12.6m，高 46m，为罕见的五进建筑（图 6-43、图 6-44）。内部空间挑高又加宽，高塔直向苍穹，象征人与上帝沟通的渴望。在设计中利用尖肋拱顶、飞扶壁、修长的束柱，营造出轻盈修长的高直感。教堂外型除两座高塔外，还有 1.1 万座小尖塔烘托，垂直向上感很强。双尖塔像两把锋利的宝剑，直插云霄。

教堂四壁装有描绘圣经人物的彩色玻璃，总面积达 1 万多平方米，窗户被称为法兰西火焰式，使教堂显得更为庄严。据说，彩色玻璃只用 4 种颜色，而且很有讲究：金色——代表人类共有一个天堂，寓意光明和永恒；红色——代表爱；蓝色——代表信仰；绿色——代表希望和未来。在阳光的反射下，这些玻璃金光闪烁，绚丽多彩，是教堂的一道独特的风景。

教堂的钟楼上装有 5 座响钟，最重的圣彼得钟，是全世界最大的教堂响钟，有 24t 重。每逢祈祷时，响钟齐鸣，钟声洪亮，传播得很远。登上钟楼，可眺望莱茵河的美丽风光和整个科隆市容。

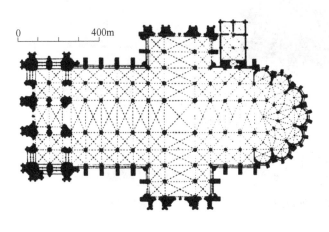

图 6-43 科隆主教堂平面图　　　　图 6-44 科隆主教堂室内图

6.3.6 英国索尔兹伯里主教堂（Salisbury Cathedral，公元 1220~1265 年）

索尔兹伯里主教堂是英国著名的天主教堂，是英国最早期的哥特式建筑，历时 43 年建造而成，教堂中部的塔楼是英国最高的塔楼（图 6-45、图 6-46）。教堂外观有英国特点，但内部仍然是法国风格，装饰简单。英国的索尔兹伯里主教堂和法国亚眠主教堂的建造年代接近，中厅较矮较深，长约 70m，两侧各有一侧厅，横翼突出较多，而且有一个较短的后横翼，可以容纳更多的教士，这是英国常见的布局手法。教堂内部分割成横条状，南面有一个回廊及八角形的教士会堂。教堂的正面也在西边，东头多以方厅结束，很少用环殿。教堂中厅的拱廊以强调楼层为手法的水平划分为重点，使得中厅内的空间更具水平延伸性，而不是上升性（图 6-47~图 6-50）。索尔兹伯里主教堂虽然有飞扶壁，但并不显著，构件纤细的纵长尖顶窗是立面上的主要构图元素（几乎没有圆形玫瑰窗）。英国教堂在平面十字交叉处的尖塔往往很高（高 123m），成为构图中心，西面的钟塔退居次要地位。教堂的西面窗花复杂，窗棂由许多曲线组成生动的图案。

英国教堂不像法国教堂那样矗立于拥挤的城市中心，力求高大，控制城市，而是往往位于开阔的乡村环境中，作为复杂的修道院建筑群的一部分，比较低矮，与修道院一起沿水平方向伸展。注重突出的尖顶和飞拱，以显示教会的威严，但是内部到处都是石棺和墓碑，比较阴森。英国教堂的工期一般都很长，其间不断改建、加建，很难找到整体风格统一的。索尔兹伯里主教堂是当时少有的"一气呵成"的新建教堂（除中央高塔以外），现存的建筑如实地反映了建造时的原貌。

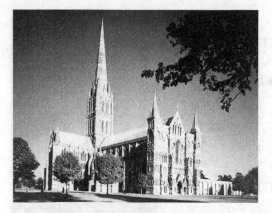

图 6-45　索尔兹伯里主教堂外观图

图 6-46　索尔兹伯里主教堂西立面

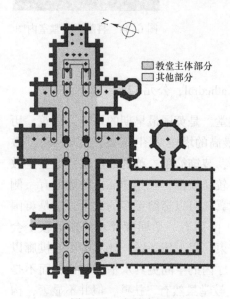

图 6-47　主教堂平面图

图 6-48　索尔兹伯里主教堂室内中厅

图 6-49　索尔兹伯里主教堂外部长廊图

图 6-50　索尔兹伯里主教堂室内结构

6.3.7 米兰主教堂（Milan Cathedral，公元1385～1485年）

米兰主教堂，位于意大利米兰市中心的大教堂广场，意大利著名的天主教堂，也是世界五大教堂之一（图6-51、图6-52）。教堂长158m，最宽处为93m。塔尖最高处达108.5m。总面积为11700m²，可容纳35000人（图6-53）。米兰主教堂在宗教界的地位极其重要，著名的《米兰赦令》就从这里颁布，使得基督教合法化，成为罗马帝国国教。

图6-51　米兰主教堂外观图

图6-52　米兰主教堂西立面

这座教堂全由白色大理石筑成，大厅宽达59m，长130m，中间拱顶最高为45m。内部中厅虽高45m，因侧廊也有37.5m高，且束柱上有柱帽，向上感不强（图6-54）。教堂的建筑风格十分独特，它的西立面是仿罗马式的大山墙，没有明显的钟塔，仍保留巴西利卡式的特点，众多的垂直线条和扶壁将墙面分成五个部分，扶壁上布满神龛雕像。雕刻和尖塔是哥特式建筑的特点之一，米兰主教堂可以说是把这个特点淋漓尽致地表现出来了。外部的扶壁、塔、墙面都是垂直向上的垂直划分，所有局部和细节顶部为尖顶，整个外形充满着向天空的升腾感，这些都是哥特式建筑的典型外部特征。教堂的尖拱、壁柱、花窗棂，还有教堂顶耸立着135个尖塔，像浓密的塔林刺向天空，并且在每个塔尖上都有精

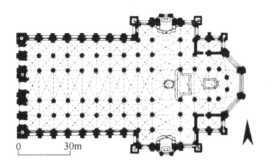
图6-53　米兰主教堂平面图

图6-54　米兰主教堂中厅

致的神的雕像。教堂内外墙等处均点缀着圣人、圣女雕像，共有6000多座，仅教堂外就有3159尊之多，甚为奇特。由于它是世界上雕像最多的哥特式教堂，因此教堂建筑显得格外华丽热闹，具有世俗气氛。教堂有一个高达107m的尖塔，出于公元15世纪意大利建筑巨匠伯鲁诺列斯基之手。塔顶上有圣母玛利亚雕像，金色，在阳光下显得光辉夺目，神奇而又壮丽。

教堂厅内全靠两边的侧窗采光，窗细而长，上嵌彩色玻璃，光线幽暗而神秘。两柱之间的彩色玻璃大窗是哥特式建筑的显著装饰特色之一。米兰主教堂的玻璃窗可能是全世界最大的，高约20m，共有24扇，主要以耶稣故事作为主题，正中的太阳光彩图案寓意正义和仁爱，这些彩色玻璃造于500多年前，至今仍光彩夺目。教堂东端的三个环形花格窗，宽约8.5m，高约21m，是意大利花格窗中的精品。在所有柱子的柱头上都有小龛，内置雕像，手工精美（图6-55～图6-57）。

图6-55　米兰主教堂中央祭坛　　　　图6-56　米兰主教堂尖券肋骨拱

教堂有6座石梯和两个电梯通往教堂的屋顶，屋顶上纵横交错着33座石桥，连接教堂顶部各个部分，登上屋顶可鸟瞰全市风光，在晴朗的日子里，可以看到远处绵延到马特峰的阿尔卑斯山脉风光。米兰主教堂在装饰及设计方面，显得相当细腻，极富艺术色彩，整个教堂本身甚至可以说是一个艺术品。米兰主教堂广场中央雕塑是意大利王国第一个国王维多利奥·埃玛努埃尔二世的骑马铜像（图6-58）。

图6-57　米兰主教堂花窗　　　　图6-58　米兰主教堂前广场

6.3.8 威尼斯公爵府（The Doges Palace，公元9~16世纪）

　　威尼斯公爵府是当地的总督府兼市政厅。始建于9世纪，下面两层白色云石尖券敞廊建于1309~1424年，顶层建于16世纪，用白色与玫瑰色云石砌成（图6-59、图6-60）。总督府的主要特色是南立面和西立面的构图，分为3层，外加一个只开了一排小圆窗的顶层。虚实渐变，下面两层白色云石尖券敞廊，圆柱粗壮有力，第二层券廊担当了上下两层间的过渡任务，它比底层多1倍柱子，比较封闭，而它上面的一列圆形小窗的透空度又更小一些，是券廊和实墙之间很好的联系者。下面两层的高度约占整个高度的二分之一，所有的券都是尖的或是火焰式的，券敞廊上面除了相距很远的几个窗子之外，全是实墙，南立面第三层东端的两个窗子的位置略低了一点，墙面用小块的白色和玫瑰色的大理石片，拼贴成斜方格的席纹图样，没有砌筑之感，从而消除了厚重感（图6-61、图6-62）。这一处理方式，显然是受到了伊斯兰建筑的影响。整个立面构图极富独创性，集端庄、凝重、快活、轻巧于一身，常被用来说明建筑设计立面构图中的韵律感，堪称欧洲中世纪最美丽的建筑物之一。

图6-59　威尼斯公爵府外观图

图6-60　威尼斯公爵府远眺图

图 6-61　威尼斯总督府南立面

图 6-62　总督府细部

6.4　结　语

（1）公元 9～12 世纪产生的罗马风建筑，反映在教堂建筑上有了明显的成就。教堂和修道院成为当时建筑活动的中心，它创造了骨架券的结构体系，代替了厚实的墙体与沉重的拱顶，使建筑朝着框架结构方向迈进了一大步。它在立面上采用钟楼的处理手法，成为后来哥特式教堂立面的原型。

（2）12 世纪初，开始在法国形成了一种新的建筑风格——哥特风格，这种风格的发展和基督教有着密切的关系。因为中世纪的欧洲，基督教势力极大，对人民的影响很深。巨大的教堂，在中世纪的城市中占有绝对统治的地位。哥特式建筑的技术与艺术的成就是很高的，在技术与艺术方面脱离了古罗马的影响，开辟了新的天地。这种风格在短期内形成，迅速传至欧洲各地。

（3）哥特式教堂最显著的特征是结构上采用尖券和骨架券方法，以坡度很大的两坡屋面，并使用了钟楼、飞扶壁、束柱、花窗棂、透视门等为其特点。造型上强调了高耸的构图，玲珑剔透的雕饰，使哥特式教堂表现了"向上飞升"与"超尘脱俗"的幻觉，这完全符合封建国家和教会以宗教的观念从精神上影响群众的要求。

（4）晚期的哥特式建筑也反映了工匠的城市文化和封建主教会文化的矛盾。这个矛盾表现为城市公共建筑物渐渐发展，教堂开始具有公共活动与日常活动场所的气氛，内部装饰渗入了世俗的题材，既理性又神秘，既表现对现实生活的热烈爱好，又表现对天国的虔诚向往。

扫码看本章彩图

7 意大利文艺复兴建筑

（公元 15～17 世纪）

7.1 建筑的历史分期与背景条件

7.1.1 建筑的历史分期

意大利文艺复兴建筑按其历史的发展可分为以下三个时期：

（1）文艺复兴早期（公元 15 世纪初期～15 世纪末期）。中世纪后期地中海贸易的繁荣，迅速造就了环地中海的一些富裕贸易城市。14 世纪末～15 世纪初，以意大利共和制城邦佛罗伦萨为中心，商业经济发达。当时由于贵族、新兴资产阶级的支持，城市里的市政厅、学校、市场、育婴堂之类的公共建筑物，成为城市中心广场上的主要建筑物。意大利文艺复兴早期著名建筑实例有：佛罗伦萨大教堂中央穹窿顶（公元 1420～1434 年），设计人是伯鲁乃列斯基（Filippo Brunelleschi），大穹窿顶首次采用古典建筑形式，打破中世纪天主教教堂的构图手法；佛罗伦萨的育婴院（公元 1421～1424 年），也是伯鲁乃列斯基设计的；佛罗伦萨的美第奇府邸（公元 1444～1460 年），设计人是米开罗佐。

（2）文艺复兴盛期（公元 15 世纪末期～16 世纪中期）。16 世纪上半叶，由于新大陆、新航道的开辟，以及法国、西班牙的侵略，意大利的商业城市文明衰落了。但罗马城因其特有的宗教和政治地位一枝独秀，成为新的文化中心，标志着文艺复兴盛期的到来。意大利文艺复兴盛期以罗马为中心，城市以公共建筑著称，盛极一时，教廷以教堂建筑为代表。意大利文艺复兴盛期著名建筑实例有：罗马的坦比哀多小教堂（公元 1502～1510 年），设计人 D. 伯拉孟特；罗马圣彼得大教堂（公元 1506～1626 年），设计人 D. 伯拉孟特等；罗马的法尔尼斯府邸（公元 1515～1546 年），设计人小桑迦洛等。

（3）文艺复兴晚期（公元 16 世纪中期～17 世纪初期）。16 世纪中叶起，传统封建领主制贵族复辟，城市共和国颠覆，中世纪的制度在宫廷得以恢复，封建势力的复辟还表现在建筑物的型制上。艺术家和建筑师成为教廷和宫廷的恭顺奴仆，有专门的学院来培养他们。在这种情况下，建筑中出现了形式主义的潮流。建筑中形式主义的两种倾向：一种倾向是崇古的教条主义，17 世纪发展为法国古典主义风格；另一种倾向是追求新颖尖巧的手法主义（Mannerism），17 世纪发展为巴洛克风格。以维琴察为中心，建筑更重形式，追求极端复古，或者极端新奇，以教堂和庄园府邸为代表。意大利文艺复兴晚期著名建筑实例有：维琴察（Vicenza）的巴西利卡（公元 1549 年），设计人 A. 帕拉第奥；圆厅别墅（公元 1552 年），设计人 A. 帕拉第奥；罗马耶稣会教堂（公元 1568~1584 年），设计人维尼奥拉。

7.1.2 背景条件

文艺复兴（Renaissance）、巴洛克（Baroque）和古典主义（Classicism）建筑风格是公元 15~19 世纪先后产生、时而并行地流行于欧洲各国的艺术风格。其中文艺复兴与巴洛克建筑风格源于意大利，古典主义建筑风格源于法国，也有人广义地把这三者统称为文艺复兴建筑。

自从 14 世纪末，西欧一些国家由于耕种与手工业技术的进步，社会劳动分工日益深化，城市商品生产大力发展，资本主义因素也较快地发展了起来。资本主义生产关系下的中世纪以来的市民阶层，同封建制度在宗教、政治、思想文化等各个领域展开斗争。资本主义的萌芽产生了新的阶段——资产阶级和与之相应的无产阶级。资产阶级为了动摇封建统治和确立自己的社会地位，在上层建筑领域里掀起了"文艺复兴运动"，借助于古典文化来反对封建文化和建立自己的文化。这个运动的思想基础是"人文主义"。

"人文主义"从资产阶级的利益出发，反对中世纪的禁欲主义和教会统治一切的宗教观，提倡资产阶级的尊重人和以人为中心的世界观。在它的影响下，自然科学在摆脱神学和经院哲学的束缚中有了很大的发展，在政治上则掀起了各国人民反对封建割据、实现国家统一的共同要求。文艺复兴建筑就是在这样的社会、经济与文化背景下产生的，其中人文主义思想的兴起对于建筑的影响非常巨大。

由于环地中海的贸易繁荣，使得意大利的贸易城市的学者很容易接受到古希腊、古罗马在拜占庭和伊斯兰国家所保存下来的文明成果。单就建筑造型而言，建筑师们从古代数学家完美的数学模型中得到了启示，他们认为世界是由完美的数学模型构成的，而大自然和人类的美皆出于数学模型的完美，基于此开始了文艺复兴时代建筑师对于完美建筑比例的追求。

资本主义萌芽所造成的种种社会变革，促生了欧洲历史的大转折。这个转折激发了文化和科学的普遍高涨，建筑进入一个崭新的阶段，面向新时代的现实生活，改变了欧洲大批城镇的面目。公元 15~16 世纪，意大利文艺复兴建筑成就最高。16 世纪中叶以后，意大利经济衰退，旧的封建势力又重新掌权，打败了新兴尚未稳定的资本主义萌芽。教皇趁机联合整个西欧反动势力，狂热残酷地镇压早期的进步运动，西欧进入黑暗时期。历史发生反复，转向天主教反改革运动的时期，产生了 17 世纪的巴洛克文化，并传播到各天主教国家。此时法国的专制集权制度下的宫廷文化开始形成。17世纪的法国，绝对君权如日方中，它的宫廷文化引领全欧。为君权服务的古典主义文化和建筑，俨然成了欧洲新教国家文化和建筑的正宗，但它始终与巴洛克文化相互影响。英国这时形成了以资本主义雇佣制农场为主要特征的农业资本主义，农庄府邸领导了建筑潮流。

17世纪起，整个意大利因欧洲经济重心西移而衰退，只有罗马因教会拥有从大半个欧洲收取信徒贡赋的权利而依然富足。这时在意大利半岛中开始了两种风格的并存：一种是以意大利北部威尼斯、维琴察等地为中心的文艺复兴余波；另一种是由罗马教庭中的耶稣教会所掀起的巴洛克风格。从形式上看，巴洛克风格是文艺复兴的支流与变形，但思想出发点却与人文主义截然不同。其开始的目的是要在教堂中制造神秘迷惘，同时又要标榜教廷富有的珠光宝气的气氛。

7.2 建筑的一般特征

7.2.1 风格特点

文艺复兴建筑最明显的特征是扬弃了中世纪时期的哥特式建筑风格，而在宗教和世俗建筑上重新采用古希腊、古罗马时期的柱式构图要素。文艺复兴时期的建筑师和艺术家们认为，哥特式建筑是基督教神权统治的象征，而古代希腊和罗马的建筑是非基督教的。他们认为这种古典建筑，特别是古典柱式构图，体现着和谐与理性，并同人体美有相通之处，这些正符合文艺复兴运动的人文主义观念。

虽然意大利文艺复兴时代的建筑师帕拉第奥、维尼奥拉等在著作中为古典柱式制定出严格的规范，但当时的建筑师们，包括帕拉第奥和维尼奥拉本人在内，并没有完全受规范的束缚，食古不化。他们一方面采用古典柱式，一方面又灵活变通，大胆创新，甚至将各个地区的建筑风格同古典柱式融合一起。他们还将文艺复兴时期的许多科学技术上的成果，如力学上的成就、绘画中的透视规律、新的施工机具等，运用到建筑创作实践中去。

17世纪初，耶稣教会所掀起了巴洛克风格。巴洛克建筑风格特点总的来说包括：第一，炫耀财富：大量使用贵重材料，充满装饰，色彩艳丽，一身珠光宝气。第二，追求新奇：建筑师们标新立异，前所未有的建筑形象和手法层出不穷。而创新的主要路径是，首先，赋予建筑实体和空间以动态，或者波折流转，或者混乱冲突；其次，打破建筑、雕塑和绘画的界限，使它们相互渗透；再次，不顾结构逻辑，采用非理性的组合，取得反常的幻觉效果。第三，趋向自然：在郊外兴建了许多别墅，园林艺术有所发展。在城里造了一些开敞的广场。建筑也渐渐开敞，并在装饰中增加了自然材料。第四，城市和建筑常有一种庄严隆重、刚劲有力，然而又充满欢乐的兴致勃勃的气氛。这些特征是文艺复兴晚期手法主义的发展。

"巴洛克"这个词的原意是歪扭的珍珠，后来的人把这时期的这种风格称为巴洛克式以示贬义，但由于它讲究视感效果，为研究建筑设计手法开辟了新领域，故对后来影响颇大，特别在王宫府邸设计中更为突出。

7.2.2　建筑技术

意大利文艺复兴时期世俗建筑类型增加，在设计方面有许多创新。世俗建筑一般围绕院子布置，有整齐庄严的临街立面。外部造型在古典建筑的基础上，发展出灵活多样的处理方法，如立面分层，粗石与细石墙面的处理，叠柱的应用，券柱式、双柱、拱廊、粉刷、隅石、装饰、山花的变化等，使文艺复兴建筑呈现出崭新的面貌。教堂建筑利用了世俗建筑的成就，并发展了古典传统，造型更加富丽堂皇。不过，往往由于设计上局限于宗教要求，或是追求过分的夸张，而失去应有的真实性和尺度感。

文艺复兴晚期的巴洛克风格善于运用矫揉造作的手法来产生特殊效果：如利用透视的幻觉与增加层次来夸大距离之深远或探前；采用波浪形曲线与曲面、断折的檐部与山花、柱子的疏密排列来助长立面与空间的凹凸起伏和运动感；运用光影变化，形体的不稳定组合来产生虚幻与动荡的气氛；堆砌装饰，采用大面积的壁画与姿态做作的雕像，来制造脱离现实的感觉等。建筑结构方面：采用梁柱系统与拱券结构混合应用；大型建筑外墙用石材，内部用砖，或者下层用石、上层用砖砌筑；在方形平面上加鼓座和圆顶；穹窿顶采用内外壳和肋骨，这些都反映出意大利文艺复兴建筑在结构和施工技术方面达到了新的水平。

7.2.3　建筑理论

这时期出现了不少建筑理论著作，大抵是以维特鲁威的《建筑十书》为基础发展而成的。这些著作渊源于古典建筑理论，特点之一是强调人体美，把柱式构图同人体进行比拟，反映了当时的人文主义思想；特点之二是用数学和几何学关系，如黄金分割（1.618∶1）、正方形等来确定美的比例和协调的关系，这是受到了中世纪关于数字有神秘象征说法的影响。意大利 15 世纪著名建筑理论家和建筑师阿尔伯蒂所写的《论建筑》（1485 年，又称《建筑十篇》），最能体现上述特点。文艺复兴晚期的建筑理论使古典形式变为僵化的工具，定了许多清规戒律和严格的柱式规范，成为 17 世纪法国古典主义建筑的范本。晚期著名的建筑理论著作有帕拉第奥的《建筑四论》（1570 年）和维尼奥拉的《五种柱式规范》（1562 年）。

7.3　代表实例

7.3.1　佛罗伦萨圣玛利亚大教堂的穹顶（The Dome of Santa Maria del Fiore, Florence，公元 1420~1434 年）

圣玛利亚大教堂始建于 1296 年，是为纪念行会从贵族手中夺取了政权，作为共和政体的纪念碑而建造的（图7-1）。以后曾经多次修建，但正殿的顶盖始终是个悬而难决的问题。1420年通过设计竞赛选用了伯鲁乃列斯基的方案，并由他负责督建。伯鲁乃列斯基在设计中综合了古罗马形式与哥特结构并加以创新，终于实现了这一开拓新时代特征的杰作。穹顶本身的工程历时14年，于1434年完成。他用八边形穹顶覆盖歌坛，为了突出穹顶，使穹窿能在城市天际线中起标志作用，下面砌有一个高12m、八角形、各面都带有圆窗的支撑鼓座。穹顶内径为42.2m，高30余米，支撑在50m高的主厅墙体之上，这种做法是来自拜占庭的穹顶结构体系（图7-2）。穹顶正中央有希腊式圆柱的尖顶塔亭，连亭总计高达107m，成为整个佛罗伦萨城市轮廓线的中心。穹顶内部由8根主肋和16根间肋组成，为减少穹顶的侧推力，结构采用双圆心矢形穹顶，穹面分为内外两层，中间呈空心状，双层穹顶内建有上下两条走廊、9道平券，上部为8边形环梁（图7-3）。上有采光亭结构压顶，构造合理，受力均匀。下半部分由石块构筑，上半部分用砖砌成。大教堂穹顶的精致程度和技术水平超过古罗马和拜占庭建筑，其穹顶被公认是意大利文艺复兴式建筑的第一个作品，体现了奋力进取的精神。

图7-1 圣玛利亚大教堂的穹顶

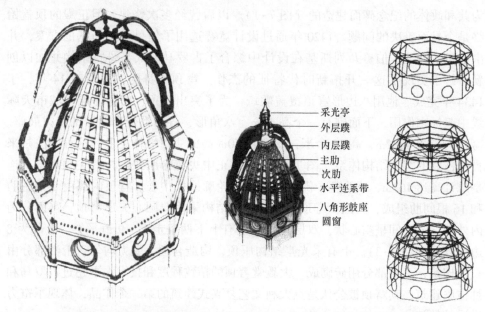

采光亭
外层蹼
内层蹼
主肋
次肋
水平连系带
八角形鼓座
圆窗

图7-2　圣玛利亚大教堂穹顶剖面图　　　　　图7-3　圣玛利亚大教堂穹顶结构示意图

7.3.2　佛罗伦萨育婴院（Foundling Hospital，公元1421~1445年）

佛罗伦萨育婴院是早期文艺复兴的代表作品，设计师为伯鲁乃列斯基。育婴院是一个四合院，位于中轴对称矩形广场的右边，它的主立面是安农齐阿广场的一个界面，以连续券廊形式与广场的其他界面相协调（图7-4、图7-5）。券廊顶部采用拜占庭式的穹顶及帆拱结构，架在科林斯式柱子上（图7-6）。立面通过虚实对比手法（下层连续水平的科林斯券柱式敞廊与上部带有水平檐部的实墙面的虚实对比），使建筑立面给人以横向平稳、简洁明快、富有节奏的特点。建筑尺度宜人，风格平易亲切。

图7-4　佛罗伦萨育婴院外观

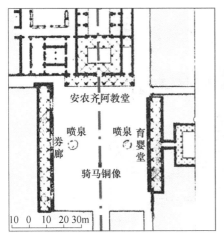

图7 5　佛罗伦萨育婴院前广场

图7-6　佛罗伦萨育婴院敞廊细部

7.3.3　佛罗伦萨巴齐礼拜堂（Pazzi Chapel，公元1429~1446年）

巴齐礼拜堂是早期文艺复兴的代表作品，是一个矩形平面的集中式教堂，设计师为伯鲁乃列斯基（图7-7）。它的规模不大，型制借鉴于拜占庭。中央穹窿直径为10.9m，左右各有一段筒形拱，同大穹顶一起覆盖一间长方形的大厅（长18.2m，宽10.9m）。正面是一进深5.3m的科林斯柱式门廊，正中跨度较宽，做成券状，前面一个小穹顶，位于门前柱廊正中开间上方（图7-8、图7-9）。正面柱廊5开间，中央一间5.3m宽，发一个大券，把柱廊分为两半。它借鉴了拜占庭集中式构图的艺术手法，以穹顶和左右筒拱形成长方形大厅，前面柱廊中跨及后面圣坛上方皆用穹顶。在空间形式处理上手法新颖，采用多重轴线形式，用一座大穹顶形成整个建筑群的中心，用一座小穹顶来统领廊院。建筑形态的方圆对比、墙面的虚实对比、正中主入口的突出强调，是借鉴了古罗马的艺术手法。建筑立面比例协调，内、外部建筑形式皆由柱式统一控制，建筑高度及柱廊尺度宜人，具有平易亲切、简洁明快的建筑特点。

巴齐礼拜堂同周围环境很和谐，它在圣克洛且教堂的修道院的院子里，正对着修道院大门。同院子周围大体一致而又略高于周围，很好地融合在修道院的建筑中。因为它的形体包含多种几何形，包括圆锥形的屋顶、圆柱形的采光亭和鼓座、方形的立面，立面上又有圆圈和柱廊方形开间，对比鲜明，所以它体积虽不大，而形象却很丰富。同时，各个部分、各因素之间的关系和谐，又有统帅全局的中心，所以形象独立完整，因而从周围修道院的联系券廊衬托下凸显出来（图7-10、图7-11）。巴齐礼拜堂明朗平易的风格使其成为早期文艺复兴建筑的代表作。

图 7-7　巴齐礼拜堂外观

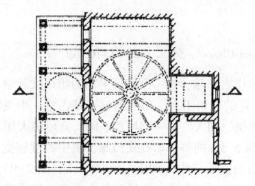

图 7-8　巴齐礼拜堂平面图

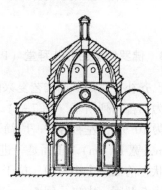

图 7-9　巴齐礼拜堂剖面图

图 7-10　巴齐礼拜堂室内装饰

图 7-11　巴齐礼拜堂室外敞廊

7.3.4　佛罗伦萨美第琪—吕卡第府邸（Palazzo Medici-Riccardi，Florence，公元 1444~1460 年）

美第琪—吕卡第府邸是早期文艺复兴府邸的典型作品。原为市长美第琪（Medici）家的府邸，1659 年，美第琪家族将他们的宫殿卖给了吕卡第侯爵，因此这座府邸也被称作"美第琪—吕卡第府邸"。1829 年，府邸成为国家所有财产，经修复后成为博物馆。其由建筑师米开罗佐（Michelozzo，1397~1473 年）设计。建筑布局分为内外两部分：左面环绕一券柱式回廊内院的是主人的起居部分，主要活动在二楼，后面有一服务性后院；右面环绕一天井的供随从与对外商务联系之用。该建筑立面分为三层，每层都有水平向线脚，二三层窗用半圆券，顶上以一个大檐口把整座建筑统一起来。立面构图为了追求稳定感，三层墙面各层处理不同。底层以粗石砌筑，二层用平整的石块但留较宽与较深的缝，第三层是磨石对缝。檐口较厚，出挑约 2.5m，其厚度为立面总高的八分之一，与柱式的比例相同。府邸强调立面比例，形成这种屏风式的立面，忽视内部使用房间的功能需求。建筑形象沉重、形式壮观，追求贵族高傲的威势气氛（图 7-12~图 7-15）。

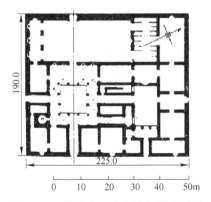

图 7-12　美第琪—吕卡第府邸平面图

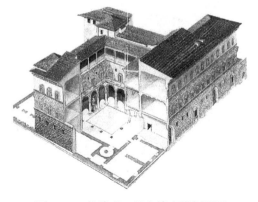

图 7-13　美第琪—吕卡第府邸剖透图

图 7-14　美第琪—吕卡第府邸立面图

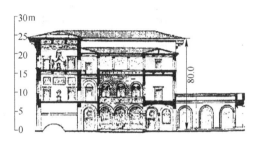

图 7-15　美第琪—吕卡第府邸剖面图

7.3.5　罗马坦比哀多 （Tempietto in S. Pietro in Montorio，公元 1502~1510 年）

　　坦比哀多是一个集中式构图的圆形小教堂，文艺复兴盛期的代表作品，独立建于蒙多里亚圣彼得修道院回廊内院之中。外部形象以其集中式的形体、饱满的穹顶，圆柱形的神堂、鼓座，台基上开敞的多立克式围廊及上部环形的栏杆等，形成强烈的虚实对比，建筑形象层次感分明，体积感强，光影变化丰富，赋予这座建筑具有纪念碑式的造型意义。建筑师是盛期的大师伯拉孟特（Donato Bramante，1444~1514 年）。

　　这座集中式的圆形建筑物，建筑体量不大，神堂外墙面直径为 6.1m，圆厅内直径只有 4.5m，体现形体端庄，设计手法娴熟。外面有一圈由 16 根多立克式柱子组成的回廊，柱子高 3.6m，连穹顶上的十字架在内，总高为 14.7m，檐部上面是一有鼓座的穹顶，地下有墓室（图 7-16~图 7-19）。伯拉孟特在这里所

图 7-16　坦比哀多外观图

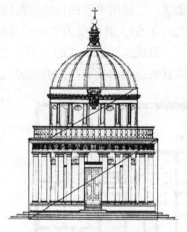

图 7-17　坦比哀多立面图

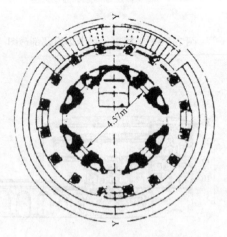

图 7-18　坦比哀多平面图

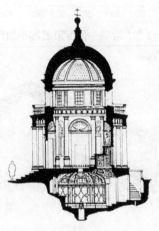

图 7-19　坦比哀多剖面图

追求的不是简单地模仿古代建筑，而是在精神气质上创造出与古典建筑具有同等意义的现代纪念性建筑，他超越了古人，因此这座建筑可称为文艺复兴盛期的纲领性作品，可谓建造新圣彼得大教堂的先声。

这座建筑物的形式，特别是以高居于鼓座之上的穹顶统率整体的集中式形式，在西欧是前所未有的大幅度的创新，当时就赢得了很高的声誉，被称为对后世有重要影响的经典作品。它所创造的集中式表现出了极大的灵活性和适应性，因而被奉为经典范模而流行于世界各地，如英国伦敦的圣保罗大教堂、法国巴黎的万神庙以及美国华盛顿白宫等，都能看到坦比哀多的构图形式。

7.3.6　罗马法尔尼斯府邸（Palazzo Farnese，公元 1517~1589 年）

法尔尼斯府邸（图 7-20）是典型的盛期文艺复兴府邸，教皇的住所，建筑师是小桑迦洛（Antonio da San Gallo，the younger，1485~1546 年）。

图 7-20　法尔尼斯府邸外观

平面为一大体对称的矩形，有明显的主轴与次轴线，布局整齐，中央是24.5m 见方的内院，周围环有券柱式迥廊，主要的房间在二楼。内院的立面三层分别用不同形式的壁柱、窗裙墙和窗楣山花。第三层的立面设计人是艺术家

米开朗基罗，仿古罗马斗兽场立面构图进行的设计。门厅为巴西利卡式，宽
12m，深14m，有两排多立克式柱子，上面的拱顶覆满华丽的装饰（图7-21~
图7-24）。

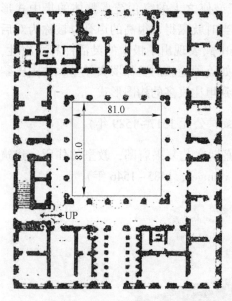

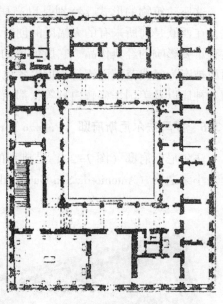

图7-21　法尔尼斯府邸一层平面图   图7-22　法尔尼斯府邸二层平面图

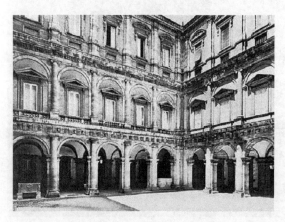

图7-23　法尔尼斯府邸平面图   图7-24　法尔尼斯府邸门廊

外墙用灰泥粉刷，主立面宽56m，高29.5m，用粗石砌成。外立面首层的窗
洞设水平直过梁，第二层的窗洞是交替出现的三角形山花和弧形窗楣，第三层窗
洞为三角形山花。主入口居立面正中，并与二层的门洞连贯起来处理，重新设计

的入口处加上了一个观礼台，并把法尔尼斯家族的盾形纹章置于观礼台之上。法尔尼斯府邸厚重的立面效果和冷峻庄严的入口，显示着法尔尼斯家族显赫的地位，而今天它变成了法国大使馆的所在地。

7.3.7 罗马卡比多广场 （The Capitol，公元 1546～1644 年）

罗马卡比多广场即罗马市政广场，位于卡比多山上，建筑师是米开朗基罗（Michelangelo Buonarroti，1475～1564 年），是罗马教皇对罗马城内卡比多山上的残迹进行改建的成果（图 7-25～图 7-27）。广场平面形式呈开口对称梯形，进深 79m，两端分别为 60m 与 40m，入口有大阶梯自下而上。广场的主体建筑是元老院，中央有高耸的塔楼，右侧为档案馆，左侧为博物馆。梯形广场在视感上有突出中心，把中心建筑物推向前之感，是文艺复兴盛期开始使用的设计手法。左右两侧建筑立面，在巨柱式之间再有小柱式的分层次的处理手法，对后来也有很大影响。广场的正中铺砌了一个椭圆形的水池，中心为罗马皇帝骑马铜像，地面铺砌有彩色大理石图案。广场内水池面采用彩色大理石拼出呈放射状的星形图案，该手法在文艺复兴建筑中首次使用。三座建筑的立面上均采用了统一的巨柱式构图，檐部上面布有雕像。

图 7-25　罗马卡比多广场

图 7-26　罗马卡比多广场鸟瞰图

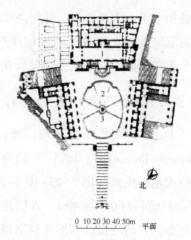

0 10 20 30 40 50m　平面

图 7-27　罗马卡比多广场平面图

7.3.8　圣彼得大教堂（Basilica di San Pietro in Vaticano，公元 1506~1626 年）

圣彼得大教堂是文艺复兴盛期的杰出代表作品，集中了意大利 16 世纪建筑技术与艺术的最高成就。前后由伯拉孟特、拉斐尔、帕鲁齐、小桑迦洛、米开朗基罗等 8 位著名建筑师与艺术家不断设计并完善，历时 120 多年建成。圣彼得大教堂是在 4 世纪建的旧教堂原址上建造的，是世界上最大的天主教堂，也是目前全世界最大的教堂（图 7-28）。建筑面积为 49737m²，长 212m，宽 137m，外部穹顶上十字架尖端总高 137.8m。前面的广场最后是由伯尼尼（Giovanni Lorenzo Bernini，1598~1680 年）设计的，建于 1655~1667 年，由一个梯形与一长圆形广场复合而成，是巴洛克式广场的代表。

图 7-28　圣彼得大教堂远眺图

大教堂的主立面外观宏伟壮丽，面宽 71.3m，高 45.4m，以中线为轴两边对称，8 根圆柱（柱高 27.5m，柱径为 2.7m）对称立在中间，4 根方柱排在两侧，柱间有 5 扇大门，2 层楼上有 3 个阳台，中间的一个叫祝福阳台，平日里阳台的门关着，重大的宗教节日时教皇会在祝福阳台上露面，为前来的教徒祝福。教堂的平顶上正中间站着耶稣的雕像，两边是他的 12 个门徒的雕像一字排开，两侧各有一座钟，右边的是格林威治时间，左边的是罗马时间。高大圆顶上有很多精美的装饰（图 7-29）。

图 7-29 圣彼得大教堂立面图

教堂前面是能容纳 30 万人的圣彼得广场，广场长 340m、宽 240m，被两个半圆形的长廊环绕，每个长廊由 284 根高大的圆石柱支撑着长廊的顶，顶上有 142 个教会史上有名的圣男圣女的雕像，雕像人物神采各异、栩栩如生。广场中间耸立着一座 41m 高的埃及方尖碑，它是 1856 年竖起的，由一整块石头雕刻而成。方尖碑两旁各有一座美丽的喷泉，涓涓的清泉象征着上帝赋予教徒的生命之水（图 7-30）。所有走进圣彼得广场的人无不为这宏大的场面而感慨。

教堂中央著名的大穹顶是米开朗基罗的杰作，结构参照佛罗伦萨主教堂的穹顶，采用双层壳体，肋是石砌，其余部分是砖砌。穹顶造型饱满，整体性很强，与整体建筑体量比例关系合适。大教堂采用石质拱券结构，外墙面是花岗石的、以巨柱式的壁柱作装饰，内墙面镶贴各种彩色大理石，装饰丰富的镶嵌画、壁画和雕塑，在夹层穹顶的内层上，装饰有藻井形的天花，整个室内富丽堂皇（图7-31）。

进大教堂先经过一个走廊，走廊里带浅色花纹的白色大理石柱子上雕有精美的花纹，从左到右长长的走廊的拱顶上有很多人物雕像，整个黄褐色的顶面布满立体花纹和图案。再通过一道门，才进入教堂的大殿堂，殿堂之宏伟令所有的参观者惊叹，殿堂内通长 186m，宽 27.5m，高 46m，面积为 15000m^2，能容纳 6 万人同时祈

图 7-30　圣彼得大教堂广场

祷（图 7-32）。高大的石柱和墙壁、拱形的殿顶，到处是色彩艳丽的图案、栩栩如生的塑像、精美细致的浮雕，彩色大理石铺成的地面光亮照人。整个殿堂的内部呈十字架的形状，造型是非常传统而神圣的。在十字架交叉点处是教堂的中心，中心点的地下是圣彼得的陵墓，地上是教皇的祭坛，祭坛上方是金碧辉煌的华盖（高29m），华盖的上方是教堂顶部的圆穹，其直径为 42m，离地面 120m，圆穹的周围及整个殿堂的顶部布满美丽的图案和浮雕。一束阳光从圆穹照进殿堂，给肃穆、幽暗的教堂增添了一种神秘的色彩，那圆穹仿佛是通向天堂的大门。

图 7-31　圣彼得大教堂穹顶

图 7-32　圣彼得大教堂大殿堂

　　圣彼得大教堂作为文艺复兴运动伟大里程碑，在过百年的波折建设过程中，新的、进步的人文主义思想同天主教会的反动思想进行了激烈的斗争。斗争的焦点在于教堂形制问题，教堂平面是拉丁十字还是希腊十字。这场斗争的过程生动地反映了意大利文艺复兴的曲折，反映了文艺复兴运动的许多特点。

16 世纪初，教廷决定彻底改建旧的中世纪初年的圣彼得大教堂，那是一个拉丁十字的巴西利卡教堂，教廷要求新教堂超过最大的古代异教庙宇。当时的教皇决定建造新的圣彼得大教堂时，为的是宣扬教皇国的统一雄图，为的是表彰他自己的功业，他打算把自己的墓放在这所教堂里，他说："我要用不朽的教堂来覆盖我的坟墓"。在文艺复兴盛期那种激于外敌侵略，渴望祖国统一强大，缅怀古罗马伟大光荣的社会思潮的推动下，伯拉孟特立志建造亘古未有的伟大建筑物。他说："我要把罗马的万神庙举起来，搁到和平庙的拱顶之上"。和平庙是罗马城里的马克辛提乌斯巴西利卡，它拱顶的高度和跨度是罗马遗迹中最大的，而万神庙的穹顶也是最大的。经过竞赛，选中了伯拉孟特的方案。

1514 年，伯拉孟特去世。新的教皇任命拉斐尔修改伯拉孟特的设计，为了更多地容纳信徒，必须利用旧的拉丁十字式教堂的全部地段。拉斐尔因为觊觎着红衣主教的职位，他抛弃了集中式的形制设计了拉丁十字式，但教堂东部已经施工因而保留了原方案。拉斐尔的拉丁十字长 120m 以上，以致穹顶在外形上退居次要地位。

工程在混乱中停了 20 年，1534 年恢复建造，当时的负责人帕鲁齐想恢复为集中式的但未果。

新的主持者小桑迦洛也不得不在整体上维持拉丁十字的形制，但在东部更接近伯拉孟特的方案，在西部以一个较小的希腊十字代替了巴西利卡，保证集中式占优势。在西立面设置一对钟塔，很像哥特式教堂。1546 年小桑迦洛去世。

1547 年，72 岁的米开朗基罗受委托主持工程，抱着"要使古代希腊和罗马建筑黯然失色"的雄心壮志工作。他凭着声望得到了赦令，写明他有随意设计的权利。他抛弃拉丁十字形制，基本恢复伯拉孟特设计的平面，开始设计建造穹顶。

1564 年米开朗基罗逝世，工程已经建到了穹顶的鼓座。教皇规定：米开朗基罗所规定的一切，绝不可以稍加修改。后来由封丹纳和泡达完成了穹顶。

17 世纪，教皇命令拆去米开朗基罗设计的正立面，在原来的集中式希腊十字之前加了一段 3 跨的巴西利卡的大厅，在教堂前的相当长的距离都不能完整地看见穹顶，穹顶的统帅作用没有了，其立面用的壁柱也使构图显得混乱，使得教堂平面由集中式改为巴西利卡式，损害了教堂内部和外部形象（图 7-33、图 7-34）。圣彼得大教堂形象的损害，被认为是意大利文艺复兴建筑结束的标志。

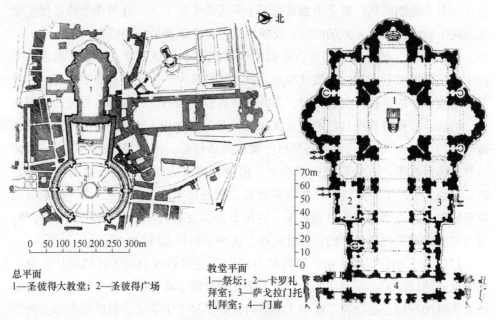

◆北

70m
60
50
40
30
20
10
0

总平面
1—圣彼得大教堂；2—圣彼得广场

教堂平面
1—祭坛；2—卡罗礼
拜室；3—萨戈拉门托
礼拜室；4—门廊

图7-33　圣彼得大教堂总平面图、建筑平面图

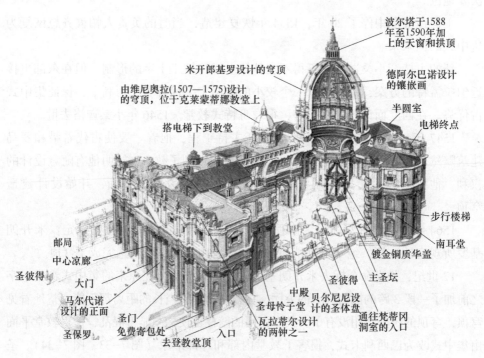

波尔塔于1588年至1590年加上的天窗和拱顶

米开郎基罗设计的穹顶

由维尼奥拉(1507—1575)设计的穹顶，位于克莱蒙蒂娜教堂上

搭电梯下到教堂

德阿尔巴诺设计的镶嵌画

半圆室

电梯终点

步行楼梯

南耳堂

镀金铜质华盖

主圣坛

通往梵蒂冈洞室的入口

圣彼得

中殿

贝尔尼尼设计的圣体盘

邮局

中心凉廊

圣彼得

大门

马尔代诺设计的正面

圣门

圣母怜子堂

瓦拉蒂尔设计的两钟之一

圣保罗

免费寄包处

去登教堂顶

入口

图7-34　圣彼得大教堂总剖透图

7.3.9　维琴察巴西利卡（The Basilica，Vicenza，公元 1549～1614 年）

维琴察的巴西利卡原是一建于 1444 年的哥特式大厅，改建于 1549 年，工程历时 65 年，1614 年才完工。原有建筑是 52.7m×20.7m 的哥特式的长方形大厅，改建时增建了楼层，并在上下层都加了 1 圈外廊（图 7-35）。

新建外廊的开间（宽 7.77m）和层高（高 8.66m）受原有大厅的限制，比例不适合券柱式的传统构图，为此，设计人帕拉第奥大胆创新，在现有开间的大柱间插入了 2 根小柱，小柱距大柱 1m 多，上面架着额枋，于是每个大开间内有 3 个小开间，两个方的夹着一个发券的。这样，在整体外观上，各开间的大柱成了构图主体，在各开间上，发券小柱成了构图中心。这两套尺度互不干扰，相互衬托，形成了丰富的层次感。此外，建筑的细部处理也很周密、成熟，小柱在进深方向被做成双柱，保证了小柱与大柱的均衡，小额枋上、券的两侧开了小圆洞，以求视觉上荷载的平衡。边跨的角柱为双柱，小柱上额枋也未留洞，令人感到角端部的力量（图 7-36～图 7-38）。

这种券柱式构图细腻，有条不紊，由于在尺度上有两个层次，适应性强。后从者甚众，称之为帕拉第奥母题（Palldian Motif）。这种构图是柱式构图的重要创造，在圣马可图书馆的二楼立面和巴齐礼拜堂内部侧墙，也都用过相似构图手法，但比例及细部做法以这个维晋察的巴西利卡最成熟。帕拉第奥母题又常用于两个壁柱之间的三个窗洞的处理——即当中的呈券形，高且宽；两旁的为竖向矩形，低且狭，此又称为帕拉第奥式窗。

图 7-35　维琴察的巴西利卡外观图

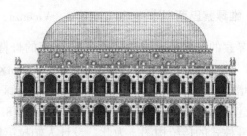

图 7-36　维琴察的巴西利卡鸟瞰图、立面图

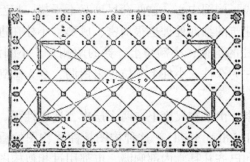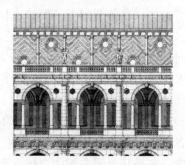

图 7-37　维琴察的巴西利卡平面图　　　图 7-38　维琴察的帕拉第奥母题

7.3.10　维琴察圆厅别墅（Villa Rotonda，Vicenza，公元 1552 年）

圆厅别墅又称卡普拉别墅（Villa Capra），是意大利文艺复兴后期大师帕拉第奥（Andrea Palladio，1508～1580 年）的代表作品（图 7-39～图 7-42）。圆厅别墅位于一块高坡地上，布局采用集中式，正方形平面，中央是一个圆形大厅，四周空间完全对称。这座建筑前后四个立面相同。建筑物高高在上，四面均用同样的大台阶通向户外。在门口做门廊，用六根爱奥尼柱拖着上端的山花。建筑简洁大方，各部分比例匀称，构图严谨。门廊成为室内外过度的空间，使建筑内部空间过渡到户外花园有和谐感，不觉得生硬。

这座别墅最大的特点在绝对对称。从平面图来看，围绕中央圆形大厅周围的房间是对称的，甚至希腊十字形四臂端部的入口门厅也一模一样。平面形制为希腊十字式，内外空间绝对对称，这是把集中式应用到居住建筑中的尝试。虽然严谨的四面对称，影响内部空间的居住功能，但形象上端庄高贵的美感，既与自然环境融为一体，又有主宰四方的孤傲，充满诗情画意，吸引了不少的追随者。

圆厅别墅达到了造型的高度协调，整座别墅由最基本的几何形体方、圆、三角形、圆柱体、球体等组成，简洁干净、构图严谨。各部分之间联系紧密，大小适度、主次分明、虚实结合，十分和谐妥帖。几条主要的水平线脚的交接，使各部呈现出有机性，绝无生硬之感。优美的神庙式柱廊，减弱了方形主体的单调和冷淡。帕拉第奥从古代典范中提炼出古典主义的精华，再把它们发扬光大，充分体现了他的灵活性与创造性。它的建筑结构严谨对称，风格冷静，表现出逻辑性很强的理性主义处理手法。

图 7-39　圆厅别墅外观图

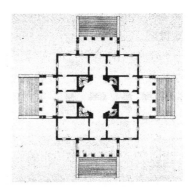

图 7-40　圆厅别墅平面图

图 7-41　圆厅别墅立面图

图 7-42　圆厅别墅剖面图

7.3.11　威尼斯圣马可广场（Piazza san Marco, Venice, 公元 14~16 世纪）

圣马可广场又称威尼斯中心广场，一直是威尼斯的政治、宗教和传统节日的公共活动中心。圣马可广场是由公爵府，圣马可教堂，圣马可钟楼，新、旧行政官邸大楼，连接两大楼的拿破仑翼大楼，圣马可图书馆等建筑所围成的大小三个梯形广场组成的复合式广场（图 7-43~图 7-47）。

主广场是教堂的正面的封闭式广场，长 175m，东边宽约 90m，西边宽约 56m，周围都是下有券柱式回廊的房屋，为威尼斯的宗教、行政和商业中心。巍峨壮观的圣马可教堂坐落于广场东边，教堂始建于公元 829 年，内部的艺术收藏品来自世界各地，因为从 1075 年起，所有从海外返回威尼斯的船只，都必须上缴一件珍贵的礼物，用来装饰这个"圣马可之家"。圣马可教堂北面的小广场，是主广场的一个分支，是市民游戏的场所。

　　次广场南临威尼斯大运河，河边有两根威尼斯著名的白色石柱，一根柱子上雕刻的是威尼斯的守护神圣狄奥多，另一根柱子上雕刻有威尼斯另一位守护神圣马可的飞狮。次广场旁的公爵府属意大利哥特式建筑风格，庄严秀丽。在它对面是两层高的圣马可图书馆（Liberia S. Marco，1553 年），建筑师为珊索维诺（Jacopo Sansovino，1486~1570 年），是一座券柱式的壮丽而又活泼的盛期代表作。16 世纪，主广场进行大改建时，广场周围的迴廊就是按此样式改建的。

　　处于教堂西南角附近的大钟楼高 100m，始建于 10 世纪，在构图上起着统一全局的作用，并使海外的商船在远处便能看到。1797 年拿破仑进占威尼斯后，赞叹圣马可广场是"欧洲最美的客厅"和"世界上最美的广场"，并下令把广场边的行政官邸大楼改成了他自己的行宫，还建造了连接两栋大楼的翼楼作为他的舞厅，命名为"拿破仑翼大楼"。

　　广场建筑群的艺术构图很有特色。三个广场使用了统一的券廊母题界面进行围合，富有节奏、凸显主题。高耸的钟塔既打破了周围建筑单调的水平线条，与其他建筑形成鲜明对比，在构图上起着统一全局的作用，同时，钟楼与新行政官邸大楼中间的空隙，除了让人看清楚主广场外，对横向沿海处的次广场也起到衔接引导作用。广场周围建筑物群都是各个不同时期陆续建成的，在造型上富于变化又和谐统一。四周建筑底层全部采用统一的券廊，既作水平划分的完美结合，又能与广场水城风光自然环境相呼应。另外，它还具有完整的尺度，符合美的规律及和谐的比例。

图 7-43　圣马可广场主广场

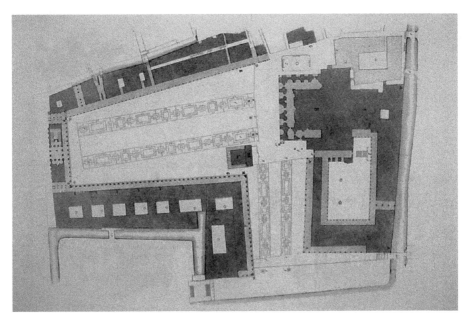

图 7-44　圣马可广场总平面图

图 7-45　圣马可广场主、次广场

图 7-46 从运河上看圣马可广场（手绘图）

图 7-47 圣马可广场鸟瞰图

7.3.12 罗马耶稣会教堂（Church of the Jesus，Rome，公元 1568~1602 年）

罗马耶稣会教堂是第一个巴洛克建筑。意大利文艺复兴晚期著名建筑师和建筑理论家维尼奥拉和泡达设计（图 7-48~图 7-51）。罗马耶稣会教堂是由手法主义向巴洛克风格过渡的代表作，也有人称之为第一座巴洛克建筑。罗马耶稣会教堂平面为长方形，端部突出一个圣龛，由哥特式教堂惯用的拉丁十字形演变而来，中厅宽阔，拱顶满布雕像和装饰，两侧用两排小祈祷室代替原来的侧廊，十字正中升起一座穹窿顶。教堂的圣坛装饰富丽而自由，上面的山花突破了古典法式，作圣像和象征光芒的装饰。教堂立面正门上面分层檐部和山花做成重叠的弧形和三角形，大门两侧采用了倚柱和扁壁柱，立面上部两侧作了两对大涡卷。这些处理手法别开生面，后来被广泛仿效。

图 7-48　罗马耶稣会教堂立面图

图 7-49　罗马耶稣会教堂室内图

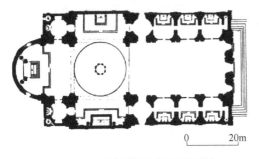

图 7-50　罗马耶稣会教堂平面图

图 7-51　罗马耶稣会教堂中厅

7.3.13 圣卡罗教堂（San Carlo alle Quattro Fontane，公元 1638~1667 年）

圣卡罗教堂是一座典型的巴洛克式教堂（图 7-52、图 7-53），建筑师是波洛米尼（Francesco Borromini，1599~1667年）。教堂基地狭小，主殿平面是一个变形的希腊十字，室内的大堂为龟甲形平面，内部空间凹凸分明，并富于动态感，椭圆形顶部的天花是几何形的藻井形，有六角形、八角形和十字形格子，具有很强的立体效果。室内的其他空间也同样，在形状和装饰上有很强的流动感和立体感。穹顶顶部正中有采光窗，来自夹层穹窿的光源使室内光影变化强烈。特别是在临街的西立面中，波浪形檐部的前后与高低起伏，凹面、凸面与圆形倚柱的相互交织，使这座规模不大的教堂，在此狭窄与拥挤的街道中显得生动与醒目，很见设计功力。

图 7-52 圣卡罗教堂立面图

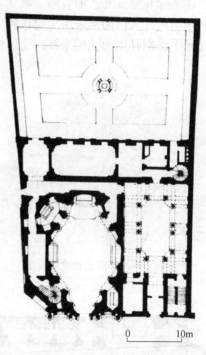

图 7-53 圣卡罗教堂平面图

7.4 结 语

（1）文艺复兴建筑是欧洲建筑史上继哥特式建筑之后出现的一种建筑风格。15世纪产生于意大利，后传播到欧洲其他地区，形成了带有各自特点的各国文艺复兴建筑。意大利文艺复兴建筑在文艺复兴建筑中占有最重要的位置。

（2）文艺复兴建筑最明显的特征是扬弃了中世纪哥特式建筑的结构创新——尖券肋拱和尖形穹顶技术，在宗教和世俗建筑上，重新采用古希腊、古罗马时期的柱式构图和筒形拱顶要素。为追求合乎理性的稳定感，半圆形券、厚实墙、圆形穹隆、水平向的厚檐用来对抗哥特风格中的尖券、尖塔、垂直向上的束柱、飞扶壁与小尖塔等。在建筑轮廓上，文艺复兴建筑讲究整齐、统一与条理性，与哥特式建筑的参差不齐、富于自发性与高低形成强烈对比。

（3）意大利文艺复兴时期世俗建筑类型增加，在设计方面有许多创新，既体现统一的时代风格，又重现建筑艺术的个性表现，使文艺复兴建筑呈现出崭新的面貌。

（4）城市广场在文艺复兴时期得到很大的发展。广场一般都有一个主题，四周有附属建筑陪衬。早期广场周围布置比较自由，空间多封闭，雕像常在广场一侧；后期广场较严整，周围常用柱廊，空间较开敞，雕像往往放在广场中央。

（5）从17世纪30年代起，意大利教会财富日益增加，各个教区先后建造自己的巴洛克风格的教堂。巴洛克建筑风格也在中欧一些国家流行，尤其是德国和奥地利。

扫码看本章彩图

8 法国古典主义建筑

（公元 16~18 世纪）

8.1 建筑的历史分期与背景条件

8.1.1 建筑的历史分期

法国古典主义风格在法国的发展可分为以下三个阶段：

（1）古典主义早期（公元 16 世纪初期~17 世纪初期）。古典主义早期是法国哥特式建筑向文艺复兴风格的过渡阶段。这个时期意大利文艺复兴刚刚传入法国，因此在建筑特征上表现为法国传统的哥特式做法与文艺复兴的古典形式结合，通常是把文艺复兴建筑的细部装饰应用在传统的哥特式建筑上面。这一时期的主要建造活动是宫殿、府邸和市民房屋等世俗性的建筑，教堂退居到很次要的地位。这些建筑的特点是平面空间趋于规整，但形体仍复杂。这个时期建筑的代表作品有：达赛·勒·列杜府邸（Chateaud'Azay-le-Rideau，公元 1518~1527年）、尚堡府邸（Chateaude Chambord，公元 1526~1544 年）、枫丹白露离宫（Palaisde Fontainbleau，公元 1528~1540 年）等。

（2）古典主义盛期（公元 17 世纪初期~18 世纪初期）。路易十三和路易十四时期是法国专制王权的极盛时代，文化、艺术和建筑的活动都有了飞速的进展。为了适应专制王权的需要，在这个时期极力推崇庄严、理性的古典风格。在建筑造型上表现为端庄、严谨、华丽，采用富于统一性与稳定感的构图手法，来体现法国王权的尊严与秩序。特别是古典柱式应用得更加普遍，在内部装饰上丰富多彩，也应用了一些巴洛克的手法。规模巨大而雄伟的宫廷建筑和纪念性的广场建筑群是这个时期的典型代表，特别是帝王和权臣大肆建造离宫别馆、修筑园林，成为当时欧洲学习的榜样。这时期的宗教建筑地位降低了，只有耶稣会建造了一些规模不大的巴洛克式教堂。

17 世纪下半叶，路易十四执政，法国封建专制制度发展到了顶点，王权和军事力量空前强大。为了展现自罗马帝国之后最强大的君主专制政体的新秩序，路易十四专门设立了一批文化艺术学院，而建筑学院成立于 1671 年。在宫廷文化的倡导和引领下，这些学院的任务之一便是建立和制定严格统一的规范和提出相应的理论。在建筑领域，体现世俗王权和国家秩序的古典主义建筑风格，便成为这个时期建筑艺术发展的主流。这个时期建筑的代表作品有：巴黎卢浮宫东立面（1665~1670年）、凡尔赛宫（1661~1756年）和巴黎残废军人教堂（1693~1706年）。

（3）古典主义晚期（公元18世纪初期~18世纪末期）。腐朽的路易十五王朝使法国的政治、经济、文化都走向衰落。国家性的、纪念性的大型建筑物的建设显著地比17世纪减少，代之而起的是大量舒适安乐的城市住宅和小巧精致的乡村别墅。在这些住宅中，豪华的大厅用不着了，精致的沙龙客厅和安逸的起居室代替了它们。这一时期，法国城市建筑最突出的成就是广场。巴黎建筑学院仍然是古典主义的大本营，他们在理论上崇拜着帕拉第奥。这个时期建筑的代表作品有：和谐广场（Placedela Concorde，1755~1772年）、南锡广场（1752~1755年）、巴黎的万神庙（The Pantheon，1764~1790年）等。

18世纪20年代，在建筑室内装饰艺术上，流行洛可可风格（Rococo Style）。它是在意大利巴洛克式建筑的基础上发展起来的，充满贵族脂粉气息的装饰风格。最具代表的建筑作品有：巴黎苏俾士府邸"公主沙龙"、凡尔赛宫的镜厅和王后寝宫。

8.1.2 背景条件

法国文艺复兴建筑的出现，比意大利大约要晚75年。在16世纪前期的法国，封建经济仍占统治地位，然而在封建社会内部已经出现资本主义的萌芽，对外贸易也很活跃。到16世纪法兰西斯一世统治时，法国的专制制度进一步加强，把一切权力都收到御前会议手中，甚至法国的教会也由国王控制，国王实际上成为教会的首脑，教会也成为专制王权的有力支柱。王权的强大、资产阶级的兴起、城市经济的活跃，使民俗文化进一步发展。这就使当时的资产阶级、国王和贵族们很乐意接受意大利的文艺复兴文化。在建筑领域，意大利文艺复兴晚期的学院派主张，恰恰符合法国君主政府要求制定国家的统一规范和标准的需要。因此，法国古典主义的源头，可以直接追溯到意大利文艺复兴后期的学院派。

法兰西斯一世崇尚艺术，且于1530年命令举办"皇家讲座"，这个讲座是法兰西学院的基础，成为与保守的巴黎大学相对立的人文主义中心。17世纪下半叶，路易十四执政，法国封建专制制度发展到了顶点，王权和军事力量空前强大。17世纪下半叶，法国在法兰西学院的基础上组成了各种艺术的专门学院。1655年正式设立了"皇家绘画与雕刻学院"，最后1671年在巴黎设立了建筑学院，培养的人才多半出身于贵族，他们瞧不起工匠，也连带着瞧不起他们的技术。从此，劳心者和劳力者截然分开，建筑师走上了只会画图而脱离生产实际的道路，形成了所谓崇尚古典形式的学院派。学院派的建筑和教育体系一直延续到19世纪。在它培养出来的建筑师中间，形成了对建筑的、对建筑师职业技巧的和对建筑构图艺术的概念，这些概念对西欧建筑主导了几百年之久。

17 世纪和 18 世纪上半叶，是法国君主集权极盛时期，国家强盛，称霸欧洲，建筑活动完全随着宫廷的需要和爱好转移。城市广场和宫殿苑囿是这时期建设的重点，并且取得了一定的成就。凡尔赛宫苑的兴建，不仅创立了宫殿的新形制，而且在规划设计与造园艺术上都成为当时欧洲各国效法的榜样。为了体现法国王权的尊严与秩序，古典主义的建筑风格在这时期占统治地位。古典主义者在唯理主义的思想指导下，把古典建筑的比例关系和构图规则片面地僵化了，在总体布局及建筑平立面设计中，都强调轴线对称，推崇几何形体。1671 年成立的巴黎建筑学院是古典主义建筑的理论阵地，其建筑观点、创作方法曾流行到欧美各国，成为后来各国学院派的鼻祖。

17 世纪末，专制政体出现危机，古典主义宫廷文化开始衰退。贵族们从凡尔赛宫离散出来，回到自己的府邸里，一些府邸的沙龙客厅成了思想界、文化界聚会的中心。贵族感到末日来临，生活中弥漫起纵情享乐的颓风。艺术上追求欢愉而摒弃崇高、追求亲切的舒适而摒弃夸张的尊贵、追求雅致优美而摒弃庄严宏伟，追求生活化而摒弃纪念性。这种充满着脂粉味的新的文学艺术潮流称为"洛可可"。洛可可风格充满着贵族脂粉气息，主要表现在室内装饰上的纤弱娇媚、华丽精巧、甜腻温柔、纷繁琐细的特点。但在法国一般的民间建筑中，仍然继承着自己的建筑传统，保留着浓厚的地方特色。路易十六统治时期，法国宫廷日益腐朽坠落，最后终于爆发了 1789 年的资产阶级革命，使历史进入了新的阶段。

8.2　建筑的一般特征

8.2.1　建筑原则

建筑原则概括地说有两个方面：第一，强调中轴线、主从关系对称。建筑物在设计时必须有一个中央大厅，作为建筑物的主要空间；第二，强调柱式。即支撑建筑物的是一套柱式，15 世纪时意大利著名建筑师维尼奥拉所制定的古罗马的五种柱式。每种柱式的各部分之间都有严格的数学关系。这些柱式的来源、形式、比例和表达的性格特征都有明确的要求。

8.2.2　风格特点

古典主义建筑风格特点概括地说有五个方面：第一，排斥民族传统和地域特色，崇尚古典柱式，恪守古罗马的古典规范，崇尚晚期意大利文艺复兴的建筑理论。第二，以古典柱式为构图基础。为符合专制政体要在一切方面建立有组织的社会秩序的理想，彰显"逻辑性"，古典主义者反对柱式同拱券结合，主张柱式只能有梁柱结构的形式。巨柱式起源于古罗马，在意大利文艺复兴晚期又进一步制定了严格的规范，柱式的比例和细节相当精审完美。与叠柱式相比，巨柱式减少了分划和重复，既能简化构图，又使构图有所变化，并且统一完整，还有利于区分主次，创造壮丽的建筑。第三，在总体布局上，建筑平面和立面造型中，强调轴线对称、主从关系、突出中心，倡导规则的几何形体。立面强调严谨构图，提倡富于统一性与稳定性的横三段和纵三段式的立面构图，并严格规定各部分之间的比例关系，以此来象征永恒感和秩序感。常用半圆形穹顶统率整幢建筑物，成为中心。强调局部和整体之间，以及局部相互之间的正确的比例关系，把比例看作建筑造型中的决定性因素。第四，在建筑造型上追求端庄宏伟、完整统一和稳定感，室内则极尽豪华，充满装饰性，常常带有巴洛克特征。

洛可可风格的特点是在室内装饰和家具造型上，创造出一种非对称的、富有动感的、自由奔放而又纤细轻巧、华丽繁复的装饰样式。它以欧洲封建贵族文化的衰败为背景，表现没落贵族阶层颓丧、浮华的审美理想和思想情绪。与法国古典主义和巴洛克相比，它是一种更柔媚、更温软、更细腻而且也更琐碎纤巧的风格。

8.2.3 建筑技术

16 世纪建筑平面空间趋于规整，但形体仍然复杂。建筑各部分有自己高耸的屋顶，屋顶里面有几层阁楼，老虎窗不断突破檐口，角楼上和凸出来的楼梯间上的圆锥形顶子，形成活泼的轮廓线。这些建筑使用了一些哥特式教堂的细部，如小尖塔、壁龛等，造成热烈的气氛。17 世纪初，法国大型建筑的墙面，常用砖和石头砌筑，借助于各种砌法而得到装饰效果。

这个时期屋顶还是高而陡的，并且独立地覆盖着一个个的小体块。但是到17 世纪 30 年代，孟莎式屋顶（Mansart Roof）开始流行起来。这种屋顶的特点就是下部很陡，而上部坡度突然转折，变得很平缓，甚至是用铅皮做成小平顶。孟莎式屋顶使屋顶内部的空间更好利用，并且使屋顶在建筑物外貌上所占的地位降低。

园林艺术到路易十四时期也有着很大的进展，法国园林的风格对欧洲有很大的影响。在此之前，花园最多只有几公顷，直接靠着府邸。到路易十四时代，出现了占地非常广阔的大花园，甚至包括整片的森林，建筑物反倒成了大花园中的一个组成部分。这时期著名的造园艺术家勒诺特（AndreleNotre，1613~1700 年），他的代表作品是凡尔赛宫的苑囿。

洛可可风格的装饰手法，主要表现在室内装饰上。细腻柔媚，常常采用不对称手法，喜欢用弧线和 S 形线，尤其爱用贝壳、旋涡、山石作为装饰题材，卷草舒花，缠绵盘曲，连成一体。天花和墙面有时以弧面相连，转角处布置壁画。为了模仿自然形态，室内建筑部件，也往往做成不对称形状，变化万千，但有时流于矫揉造作。室内墙面粉刷，爱用嫩绿、粉红、玫瑰红等鲜艳的浅色调，线脚大多用金色。室内护壁板有时用木板，有时做成精致的框格，框内四周有一圈花边，中间常衬以浅色东方织锦。

8.3　代表实例

8.3.1　尚堡（Chateau de Chambord，公元 1526~1544 年）

　　尚堡是法国弗朗西斯一世兴建的一座具有纪念性意义的宫殿，原为法兰西斯一世的猎庄和离宫，代表着建筑史上一个新时期的开始。它抛弃了中世纪法国府邸自由的体形，采取了完全对称的庄严形式。在尚堡府邸的立面上，可以很清楚地看出使用柱式装饰墙面，四角却做成圆形塔楼。尚堡府邸的屋顶并没有采用意大利文艺复兴时期的屋顶，依旧沿用法国当地特色的孟莎式屋顶以及高高的塔楼、数不尽的老虎窗、烟囱等，形成了复杂的轮廓线（图 8-1、图 8-2）。

　　尚堡府邸围成一个长方形的院子，三面是单层，北面的主楼高 3 层。院子四角都有圆形的塔楼。主楼平面为正方形，包括四角凸出的圆形塔楼在内，每边长度 67.1m。主楼的北立面同外圈建筑物北立面在一条线上，三面凸进在院子里。主楼每层有 4 个同样的大厅，用扁平的拱顶覆盖，形成一个十字形的空间，在这十字形的正中是一个双螺旋形楼梯（图 8-3~图 8-5）。

　　尚堡府邸很明确反映出法国早期文艺复兴建筑的特点，其是在中世纪传统哥特式建筑形制的基础上，加上了文艺复兴古典装饰的特点。其平面布局和造型，还保持着中世纪传统的特点，按照传统方式，塔楼主堡及侧翼围合成庭院，烟囱和塔楼高低参差地安排于屋顶之上，有角楼、护壕和吊桥；但其布局与造型上的对称、墙面的水平划分与细部的线脚处理，则具有典型的文艺复兴风格。

图 8-1　尚堡府邸外观之一

图 8-2 尚堡府邸外观之二

图 8-3 尚堡府邸立面图

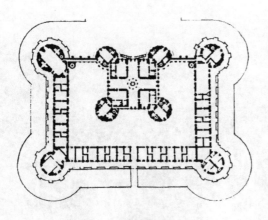

图 8-4　尚堡府邸平面图　　　　　图 8-5　尚堡府邸中间双螺旋楼梯

8.3.2　卢浮宫东立面（Louvre east facade，公元 1667~1674 年）

1667~1674 年，路易十四指定路易斯·勒伏（Louis Le Vau，1612~1670 年）、查理斯·勒勃亨（Charles Le Burn，1619~1690 年）和克劳德·彼洛（Claude Perrault，1613~1688 年）三人合作，重新改建卢浮宫东立面，于是建成了闻名遐迩的卢浮宫东柱廊（图 8-6）。它的设计与建造，是法国古典主义原则的胜利。卢浮宫东柱廊是添加在已经建成的东部建筑物上的，虽然在建造它的时候拆改了部分原有的建筑物，但它和内部房间仍没有很好的联系。

东立面总长 183m，从现在的地面算起，高 29m。在建造的时候，因为有护壕，所以下面还有一段用重块石建造的基墙。这个立面分成五部分，由于整个立面横向很长，因此立面上占主导地位的是两列长柱廊。中央部分和两端仅仅以它们的实体来对比衬托这个廊子。廊子用 14 个凹槽的科林斯双柱，柱子高约 12.2m，贯通第二、第三两层。第一层作为基座处理，以增加它的雄伟感。这个东立面是皇宫的标志，它摒弃了繁琐和复杂的轮廓线，以简洁和严肃取得纪念性的效果。

在这个立面上，柱式构图是很严格的，构图采用横三段与纵三段的手法（图 8-7）。在纵横方向都以中央一段为主，产生了明确、和谐的效果。横向分三段，底层结实沉重，中层是虚实相映的柱廊，顶部是水平厚檐，各部分比例依次为 2:3:1。纵向分五段，以柱廊为主，两端及中央采用了凯旋门式的构图，柱廊采用双柱以增加其刚强感。柱廊两端的突出部分用壁柱装饰，而中央部分采用倚柱并有山花，因而主轴线很明确（图 8-8、图 8-9）。有一个明确的垂直轴线，各部分被统率在这条轴线之下，向心性很强。东立面主要部分的比例保持着简单的整数比，如中央部分约是正方形；两端突出体是柱廊宽度的一半；双柱中线距是柱高的一半。这种构图具有精确的几何性，是古典主义的唯理主义思想的具体表现。17~18 世纪，古典主义思潮在全欧洲占统治地位时，卢浮宫的东立面极受推崇，普遍地认为它恢复了古代"理性的美"，它成为 18、19 世纪欧洲官场建筑的典范。

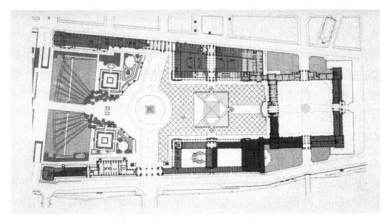

图 8-6　卢浮宫总平面图

图 8-7　卢浮宫东立面外观

图 8-8　卢浮宫东立面局部之一

图 8-9　卢浮宫东立面局部之二

8.3.3   巴黎维康府邸（Chateau de Vaux-le-Vicomte, Paris, 公元 1657~1661 年）

巴黎维康府邸由建筑师勒服设计，其花园由著名的园林家勒诺特设计。府邸采用古典主义样式，严谨对称。府邸平台呈凳座形，四周环绕着水壕沟，周边环以石栏杆，是中世纪城堡手法的延续。建筑的中央是一个椭圆形的大沙龙客厅，两侧的起居室和卧室，都朝向花园。建筑共两层，正立面应用了古典的水平线脚与柱式，屋顶具有法国特色。整座建筑造型严谨，表达了法国古典主义的典型特征。在府邸的后面是大花园，园内不仅水池、花坛秀丽，而且还有许多栩栩如生的雕像点缀。因此，其建筑与园林规模虽不如王宫气派，但室内外装饰之精美却举世非凡（图 8-10~图 8-14）。

维康府邸花园是法国勒诺特尔式园林最重要的作品之一，它标志着法国古典主义园林艺术走向成熟（图 8-15）。主花园在建筑的南面，整体布局对称严谨，绚丽多彩。府邸正中对着花园的是椭圆形客厅，饱满的穹顶是花园中轴的焦点。花园中轴长约 1km，两侧是顺向布置的矩形花坛，宽约 200m。花坛的外侧是茂密的林园，以高大的暗绿色树林衬托着平坦而开阔的中心部分。花园在中轴上采用三段式处理，形成纵向空间变化。第一段紧邻府邸，以绣花花坛为主，强调人工装饰性；第二段以水景为主，重点在喷泉和水镜面；第三段以树木草地为主，增加了自然情趣。园中以运河作为全园的主要轴线，是勒诺特尔的首创，以后成为勒诺特尔式园林中具有代表性的水体处理方式。维康府邸花园的独到之处，便是处处显得宽敞辽阔，又并非巨大无垠。各造园要素布置得合理有序，避免了互相冲突与干扰。序列、尺度、规则，这些强盛时代形成的特征，经过勒诺特尔的处理，已经达到不可逾越的高度。适度的原则、对称的布局，是这个强盛时代经典的手法。

图 8-10   维康府邸背立面图

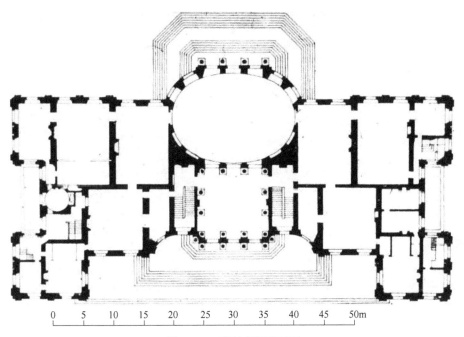

0　　5　　10　　15　　20　　25　　30　　35　　40　　45　　50m

图 8-11　维康府邸平面图

图 8-12　维康府邸外观图

图 8-13　维康府邸主立面图

图 8-14　维康府邸室内大厅

图 8-15 维康府邸园林

8.3.4 巴黎凡尔赛宫（Palais de Versailles，Paris，公元 1661~1756 年）

路易十四时期是法国专制王权最昌盛的时期，宫廷成为社会的中心，也是建筑活动的主要对象。为了进一步显示绝对君权的权威气魄，于是建造了规模巨大的凡尔赛宫，它是欧洲大陆上最宏大、最庄严、最美丽的皇家宫苑，也是法国古典主义艺术最为杰出的代表（图 8-16）。

凡尔赛原来是帝王的一个狩猎场，距巴黎西南 18km。1624 年，路易十三曾在这里建造过一个猎庄，平面为三合院式，开口向东，外形是早期文艺复兴的式样，还带有浓厚的法国传统手法，建筑物是砖砌的，有角楼和护壕。1661 年，路易十四

图 8-16 凡尔赛宫全景图

决定在旧猎庄的位置上新建宏伟的凡尔赛宫，并将勒伏从卢浮宫的施工现场调来这里负责设计建造。路易十四有意保留原有古老的三合院砖砌建筑物，并且使它成为未来的庞大的凡尔赛宫的中心。这就是后来的"大理石院"（图 8-17）。

图 8-17 凡尔赛宫"大理石院"

　　勒伏奉命在原来建筑物的外周南、西、北三面扩建，又把两端延长和后退，在大理石院前面形成一个御院，在御院东端正中立有路易十四的骑马铜像，成为整个建筑群的焦点。在御院前面由辅助房屋和铁栅栏围成凡尔赛宫的前院，再前面则是一个放射形的广场，称为练兵广场（图8-18）。新的建筑物都是用石头砌成的。

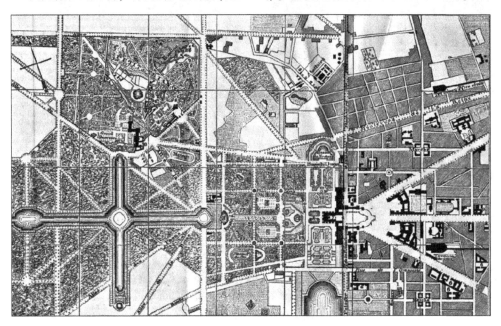

图 8-18　凡尔赛宫总平面图

　　凡尔赛宫的规模和面貌主要是在 1678～1688 年间，由学院派古典主义的代表者，裘·阿·孟莎（Jules Hardouin Mansart）决定的。他设计了凡尔赛宫的南北两翼，使它成为总长度略微超过400m的巨大建筑物。在中央部分二层的西面，J. H. 孟莎补造了凡尔赛宫最主要、最负盛名且艺术价值最高的大厅——镜厅，它高 13.1m，长 73m，宽 9.7m，是一个富有创造性的大厅（图8-19）。镜厅内部装修极尽奢华，用白色大理石贴面，镶浅色大理石板，天花是圆筒形的，分划很简单，有大面积绘画，上着金色。镜厅的西面是 17 扇朝花园开的巨大的拱形落地窗，保证室内光线充足，东墙上和窗子相对的，是构图和窗子完全相同的17 面大镜子。镜厅这个富有创造性的国王接待大厅，从落地窗引入的花园景色，与对面内侧墙上镶有的大镜子相映生辉。

　　凡尔赛宫的平面布置非常复杂：左翼（南端）是王子和亲王们居住的地方；右翼是法国中央政府各部门的办公处；御院北面的教堂是很有代表性的古典主义建筑；中央部分二层东面即国王和王后的起居部分，是法国封建统治的中心。中央部分的内部，布置有宽阔的连列厅和富丽堂皇的大楼梯。墙壁与天花装有华丽

图 8-19　凡尔赛宫镜厅

的壁灯和吊灯，并布满了浮雕壁画，而且用彩色大理石镶成各种几何图案。

　　凡尔赛宫的西边是花园，它是世界上规模最大的和最著名的皇家园林，也是规则式园林的典型。它的面积约有 6.7km²。设计者是著名的造园家勒诺特。凡尔赛花园有一条长达 3km 的中轴线，和宫殿的中轴线相重合，中轴线上有明澈的十字形水渠。横向水渠的北头是大翠雅浓宫（特里阿农宫），南头是动物园，在水渠和宫殿之间，有一片开阔的草地和花坛，它的两侧是密林。在花园的大路和水渠的尽端或交点上，都设有对景。除建筑小品外，还点缀着水池、雕像和喷泉，它们都有很高的艺术水平。凡尔赛宫里有 1400 多个喷泉水池，它们用掉的水比整个巴黎还要多，而那时巴黎人经常因为缺水而得病。国王的 30000 名士兵建造了由 14 个巨型水轮、200 多个水泵组成的一台大机器，可以从塞纳河向喷水池里输水，不过这台机器经常会出现故障。

　　建筑上最早受到"中国热"的影响是在路易十四的大特里阿农宫，又称瓷宫，是欧洲第一件中国风建筑作品（图 8-20、图 8-21）。主体建筑屋顶装饰有大量的青白釉瓷瓦，由于不适应法国寒冷的气候，不久便被拆毁，但在那个时代，大特里阿农宫迅速勾起了贵族们对异国情调，特别是中国风味的向往。

小特里阿农宫（Petit Trianon，1762～1764年），在凡尔赛宫大花园内，是路易十五为王后所建（图8-22～图8-24）。造型为典型古典主义的纵横三段处理，基座很高，门廊有四根科林斯式柱子，整幢建筑在虚实、纵横中比例得当，手法严谨简洁，建筑师是 J. A. 加贝里爱尔（Jacques Ange Gabrie 1. 1698～1782年）。

凡尔赛花园中，许多景物的题材都是以阿波罗为中心，因为阿波罗是太阳神，象征"太阳王"路易十四。花园之外是森林和旷野，所以从宫殿里看出来，花园是没有边界的。凡尔赛宫的东面广场有三条放射的大道，中央一条通向巴黎市区的叶丽赛大道和卢浮宫。在三条大道的起点，夹着两座单层的御马厩，御马厩是石头造的，像贵族府邸一样精致讲究，甚至还用雕刻品装饰起来。放射性的大道是新的城市规划手法，它也反映了唯理主义的思想与巴洛克的开放特点。

凡尔赛宫把功能复杂的各个部分有机地组织成为一个整体，并且使宫殿、园林、庭院、广场、道路紧密地结合起来，形成一个统一的规划，强调了帝王的尊严。从正立面看，宫殿的前后错综复杂，一望无边的房屋，加上严谨而又丰富的外形，有着宏伟壮丽的建筑群效果。但是从靠花园的西立面看，高三层，底层是粗石墙面，上面是一排壁柱，顶上有一层阁楼和栏杆，在400m长的水平轮廓线上，没有起伏的变化，产生一种单调的感觉。因此，凡尔赛宫的规模虽然非常巨大，但是还没有能充分利用对比和衬托的手法，来使它在尺度上达到足够的表现力。

凡尔赛宫是法国绝对君权的纪念碑。它不仅是帝王的宫殿，而且是国家政府的中心，是新的生活方式和新的政治观点的最完全、最鲜明的表现。

图8-20　凡尔赛宫里大特里阿农宫

图 8-21　大特里阿农宫柱廊

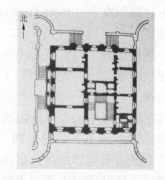

图 8-22　小特里阿农宫平面图

图 8-23　凡尔赛宫里小特里阿农宫北立面

图 8-24　凡尔赛宫里小特里阿农宫南立面

8.3.5 巴黎荣军教堂 (The Dome of the Invalides, Paris, 公元 1680~1691 年)

荣军教堂,音译恩瓦立德教堂,亦称残废军人新教堂,是路易十四军队的纪念碑,也是 17 世纪法国古典主义建筑的代表（图 8-25）。新教堂接在旧的巴西利卡式教堂的南端。平面是正方形,中央为中厅,前面为过厅,左右为侧厅,后厅通向圣坛,中厅中央覆盖着穹窿（图 8-26）。在穹窿顶之下的空间是由等长的四臂形成的希腊十字,四个角上各有一圆形的祈祷室。教堂之所以采取这个型制,是因为要给予残废军人新教堂一个雄伟的不朽的象征,让人们远远看到它,尊敬那些为君主流血牺牲的人。

新教堂背对着旧教堂,使圣坛和旧教堂相接,而把主要立面朝向正南。这样,它的构图就可以摆脱其他旧建筑物的羁绊了。残废军人新教堂的立面很紧凑,可分为两大段,高高的穹窿顶是它的构图中心,方方正正的教堂本身看似穹窿顶的基座。这样单纯的形体增强了教堂的纪念性。教堂门廊也分上下两层处理,下部采用粗壮的多立克柱式,上部采用华丽的科林斯柱式,与鼓座上的倚柱和穹顶上的拱肋相互连贯,造成了强烈动势和完美统一的效果。其被誉为 17 世纪最完整的古典主义纪念性建筑之一（图 8-27）。

图 8-25 荣军教堂外观

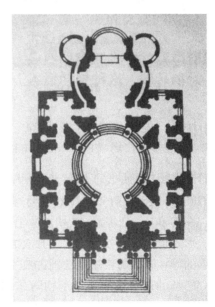

图 8-26 荣军教堂平面图

教堂的内部处理也非常简洁,里面很少有宗教神秘的气氛。它的穹窿顶有三层,最外面一层是木架子的,里面两层是石头砌成的（图 8-28）。最里层穹顶的底径是 27.7m，顶上正中有一个直径大约为 16m 的圆洞。从圆洞望上去，是第二层穹顶，它上面画满了画，带翼的天使在蓝天白云之中振翅翱翔。第二层穹顶的底部有窗户采光，把画面照亮，产生很好的效果。在残废军人新教堂的穹窿顶之下正中，后来修建了一个圆形的池子，池子当中放着拿破仑一世的棺材。

图 8-27　荣军教堂南立面

图 8-28　荣军教堂穹顶室内

8.3.6　旺多姆广场（Place de Vendome，Paris，公元 1699~1701 年）

旺多姆广场是位于巴黎老歌剧院与卢浮宫之间的一座广场，由于路易十四的爷爷旺多姆公爵（1594~1665 年）的府邸坐落于此，广场因而冠以此名（图 8-29、图 8-30）。巴黎在 17~18 世纪建造了很多广场，对改进市容起了很大的作用。形式也多样，如封闭的、开放的、方形的、矩形的、圆形的、三角形的、多边形的等。旺多姆广场是法国古典主义最具代表性的广场。

广场的建筑设计师是于勒阿尔端-芒萨尔（Jules Hardouin-Mansard，1646~1708 年），1702 年奠基，1720 年建成。广场平面为抹去四角的矩形，长 224m，宽 213m。它是轴线对称、四周一色的封闭性广场，有一条大道在中央通过。广场周围的建筑整齐划一，都是一色的三层古典主义城市建筑，底层为券柱廊，廊后为商店，上面为住家，底层券柱廊为连续的大型拱门，二三层用科林斯壁柱装饰墙面，屋顶有老虎窗。在两个长边的中央与四角的转角处采用了特别的处理，以标明广场的轴线和突出中心（图8-31）。轴线交点上原有路易十四骑马雕像，后为拿破仑建造的旺多姆纪念铜柱所替代。旺多姆纪念铜柱，1810年由拿破仑皇帝下令，仿造意大利罗马城内图拉真柱纪功柱（29m）修建的（图8-32）。柱高44m，使用1805年法国军队在奥斯特里茨战役中缴获的1250门大炮铸成，上面的螺旋形图案描绘着拿破仑征战的诸多场面，顶上立着拿破仑·波拿巴的铜像。

图 8-29　旺多姆广场鸟瞰图之一

图 8-30　旺多姆广场鸟瞰图之二

图 8-31　旺多姆广场外观图

图 8-32　旺多姆广场纪功柱

8.3.7　南锡广场（Place LouisXV，Nancy，公元 1750~1757 年）

南锡城的市中心广场是由一个长圆形广场、一个狭长的跑马广场和一个长方形广场组成的。三个广场在一个纵轴上，长圆形广场在北头，长方形广场在南头，跑马广场夹在中间，全长 450m（图 8-33）。

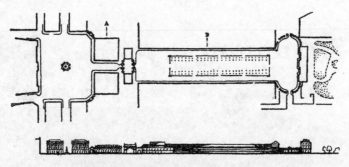

图 8-33　南锡广场平面图、立面图

长圆形广场的北边是市长府（Governor's Palace），市长府前有一圈柱廊，把市长府和跑马广场两侧的建筑物连接起来。这两侧的房屋彼此是完全对称的，而在靠近长方形广场这一头作重点处理（图8-34）。

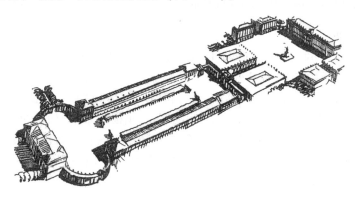

图8-34 南锡广场鸟瞰图之一

　　在跑马广场和长方形广场之间隔着一条很宽的护城河（约40~65m），上面架有一座桥，在跑马广场这一边的桥头前有一个凯旋门。长方形广场的南端是市政厅，东西两侧也有房子。广场正中立着雕像，面对着桥，左右正对着从东西来的两条大路，广场的四个角是敞开的（图8-35）。南锡广场是半开半闭的广场，空间组合有收有放，变化丰富，又很统一。树木、喷泉、雕像、栅栏门、桥、凯旋门和建筑物等之间的配合也很成功。南锡广场原名路易十五广场，现称斯坦尼斯拉广场，原因是后来这座城市由斯坦尼斯拉统治。

图8-35 南锡广场鸟瞰图之二

8.3.8 巴黎和谐广场（Place de la Concorde，Paris，公元 1755~1772 年）

和谐广场原名路易十五广场，是为纪念路易十五而建造的（图 8-36、图 8-37），由建筑师迦贝里爱尔（J. A. Gabriel，1698~1782 年）设计。和谐广场在塞纳河北岸，都勒利宫的西面，它的横轴和叶丽赛大道重合。广场的北面有一对相同的古典主义式样的建筑物，它们之间的皇家大道与和谐广场的轴线重合，这轴线北端是皇家大道尽头的大教堂（马德兰教堂），南端有一座横跨塞纳河的华丽的桥，通向波旁宫（众议院）。和谐广场的主要特色是开敞，它只有北面建筑物，而这一面的中央又是路口，路口两边是对称的两幢建筑物，一幢是国家档案馆（Garde-meubledela Couronne），另一幢是公寓（图 8-38）。

图 8-36　和谐广场鸟瞰图之一

图 8-37　和谐广场鸟瞰图二

图 8-38　和谐广场方尖碑及北面建筑

和谐广场的东、西两面都是浓密的绿化地带。东面是都勒利花园，西面是叶丽赛林荫大道，南临塞纳河。从广场的南边入口望去，路易十五的雕像和皇家大道的路口以及两侧的建筑物间的构图关系很完整；从广场的西南和西北的入口望去，中间雕像和对角上的雕像的构图关系也很密切。和谐广场在拿破仑统治时期才最后完成，它在巴黎市中心的重要作用在那时候才充分表现出来。路易十五的骑马像，也是在那时候被掠来的埃及的方尖碑所代替。

8.3.9 巴黎苏俾士府邸（Hotel de Soubise，Paris，公元1706年）

苏俾士府邸始建于1706年，后作为法国国家档案馆，由德拉梅尔（Pierre Alexis Delamair）设计。府邸的椭圆形沙龙客厅是洛可可装饰风格早期的代表作品，建筑师是勃夫杭（Gabriel Germain Boffrand，1667~1745年）。勃夫杭是洛可可装饰风格的著名设计大师，追求柔媚细腻的情调，强调弧线和S形线，用贝壳、旋涡、山石作为装饰题材，以弧面相连天花和墙面，卷草舒花、缠绵盘曲，连成一体，摇曳的烛台从镜中反射迷离光影，色彩为白色、金色、粉红、粉绿、淡黄等娇嫩的颜色，室内无处不体现着奢华和精美。府邸外观简洁，除了阳台上的铁花栏杆外，与一般古典主义城市住宅相似。

该府邸虽不是法国最具代表性或最奢华的建筑，但因其室内装饰非常符合洛可可风格而著名（图8-39、图8-40）。府邸最为显著的特点主要体现在"公主沙龙"圆形小客厅的设计中，是路易十五时期典型的洛可可风格的代表。沙龙客厅的平面呈椭圆形，使用了大量的镜面，天花和墙面用曲面连接成一体，线脚多用金色，天花板涂上天蓝色，还画上飘浮的白云，其无论从形态构造，还是色彩运用上，均无比典型地符合洛可可审美的方方面面，堪称洛可可艺术的"教科书"。

图8-39 巴黎苏俾士府邸沙龙客厅装饰之一

图 8-40　巴黎苏俾士府邸沙龙客厅装饰之二

8.4　结　语

（1）16 世纪，法国资本主义开始萌芽，从意大利传来了文艺复兴文化。16 世纪的法国建筑表现为传统建筑做法和意大利文艺复兴建筑细部的结合。

（2）17 世纪和 18 世纪上半叶是法国君主集权时期，国家强盛，称霸欧洲，建筑活动完全随着宫廷的需要和爱好转移。城市广场和宫殿苑囿是这时期建设的重点，并且取得了一定的成就。凡尔赛宫苑的兴建，不仅创立了宫殿的新型制，而且在规划设计与造园艺术上都成为当时欧洲各国效法的榜样。随着城市变为社会活动的中心，城市内的贵族府邸也发展起来。

（3）为了体现法国王权的尊严与秩序，古典主义的建筑风格在这时期占统治地位。古典主义者在唯理主义的思想指导下，强化古典建筑的比例关系和构图规则，在总体布局及建筑平立面设计中，强调轴线对称，推崇几何形体。1671 年成立的巴黎建筑学院是古典主义建筑的理论阵地，其建筑观点、创作方法曾流行到欧美各国，成为后来各国贵族化的学院派的鼻祖。

（4）18 世纪上半叶，法国王室生活奢侈腐朽，继意大利巴洛克艺术风格之后，在建筑艺术上流行洛可可风格，盛行于法国路易十五时代，这种以室内装饰为主体的艺术风格很快传遍欧洲。法国一般的民间建筑仍然继承着自己的建筑传统，保留着浓厚的地方特色。

（5）园林艺术到路易十四时期有着很大的进展，法国园林风格对欧洲园林有很大的影响。著名的凡尔赛宫苑囿，最能体现法国园林的特点，强调几何轴线的规则式布局，反映着"有组织、有秩序"的古典主义设计原则。

扫码看本章彩图

参 考 文 献

[1] 罗小未，蔡琬英. 外国建筑历史图说 [M]. 北京：中国建筑工业出版社，1986.

[2] 陈志华. 外国建筑史（19世纪末叶以前）[M]. 4版. 北京：中国建筑工业出版社，2010.

[3] 佐藤达生. 图说西方建筑简史 [M]. 天津：天津人民出版社，2018.

[4] 刘先觉. 外国建筑简史 [M]. 北京：中国建筑工业出版社，2010.

[5] 庄裕光. 外国建筑名作100讲 [M]. 天津：百花文艺出版社，2007.

[6] 丹·克鲁克香克. 弗莱彻建筑史 [M]. 北京：知识产权和水利水电出版社，2000.

[7] 大卫·沃特金. 西方建筑史 [M]. 傅景川等译. 吉林：吉林人民出版社，2004.

[8] 陈志华. 外国古建筑二十讲 [M]. 北京：三联书店，2002.

[9] 陈志华，李宛华. 西方建筑名作（从古代至19世纪）[M]. 河南：河南科技出版社，2001.

[10] （英）劳埃德S，（德）米勒 H W. 远古建筑 [M]. 高云鹏译. 北京：中国建筑工业出版社，1999.

[11] （法）罗兰·马丁. 希腊建筑 [M]. 张似赞、张军英译. 北京：中国建筑工业出版社，1999.

[12] （英）约翰·B·沃德–珀金斯. 罗马建筑 [M]. 吴葱、张威、庄岳译. 北京：中国建筑工业出版社，1999.

[13] （美）西里尔·曼戈. 拜占庭建筑 [M]. 张本慎等译. 北京：中国建筑工业出版社，2000.

[14] （德）汉斯·埃里希·库巴赫. 罗马风建筑 [M]. 汪丽君译. 北京：中国建筑工业出版社，1999.

[15] （法）路易斯·格罗德茨基. 哥特建筑 [M]. 吕舟、洪勤译. 北京：中国建筑工业出版社，2000.

[16] （英）彼得·默里. 文艺复兴建筑 [M]. 王贵祥译. 北京：中国建筑工业出版社，1999.

[17] （挪）克里斯蒂安·诺伯格–舒尔茨. 巴洛克建筑 [M]. 刘念雄译. 北京：中国建筑工业出版社，2000.

[18] （英）米德尔顿和戴维·沃特金. 新古典主义与19世纪建筑 [M]. 邹晓玲等译. 北京：中国建筑工业出版社，2000.

冶金工业出版社部分图书推荐

书 名	作 者	定价(元)
冶金建设工程	李慧民 主编	35.00
土木工程安全检测、鉴定、加固修复案例分析	孟 海 等著	68.00
历史老城区保护传承规划设计	李 勤 等著	79.00
老旧街区绿色重构安全规划	李 勤 等著	99.00
岩土工程测试技术（第2版）（本科教材）	沈 扬 主编	68.00
现代建筑设备工程（第2版）（本科教材）	郑庆红 等编	59.00
土木工程材料（第2版）（本科教材）	廖国胜 主编	43.00
混凝土及砌体结构（本科教材）	王社良 主编	41.00
工程结构抗震（本科教材）	王社良 主编	45.00
居住建筑设计（本科教材）	赵小龙 主编	29.00
工程地质学（本科教材）	张 荫 主编	32.00
建筑结构（本科教材）	高向玲 主编	39.00
建设工程监理概论（本科教材）	杨会东 主编	33.00
土力学地基基础（本科教材）	韩晓雷 主编	36.00
建筑安装工程造价（本科教材）	肖作义 主编	45.00
高层建筑结构设计（第2版）（本科教材）	谭文辉 主编	39.00
土木工程施工组织（本科教材）	蒋红妍 主编	26.00
施工企业公计（第2级）（国规教材）	朱宾梅 主编	46.00
工程荷载与可靠度设计原理（本科教材）	郝圣旺 主编	28.00
土木工程概论（第2版）（本科教材）	胡长明 主编	32.00
土力学与基础工程（本科教材）	冯志焱 主编	28.00
建筑装饰工程概预算（本科教材）	卢成江 主编	32.00
建筑概论（本科教材）	张 亮 主编	35.00
Soil Mechanis（土力学）（本科教材）	缪林昌 主编	25.00
SAP2000结构工程案例分析	陈昌宏 主编	25.00
理论力学（本科教材）	刘俊卿 主编	35.00
岩石力学（高职高专教材）	杨建中 主编	26.00
建筑设备（高职高专教材）	郑敏丽 主编	25.00
岩土材料的环境效应	陈四利 等编著	26.00
建筑施工企业安全评价操作实务	张 超 主编	56.00
现行冶金工程施工标准汇编（上册）		248.00
现行冶金工程施工标准汇编（下册）		248.00